张彦山 李玲玲 著

# 图像处理的分数阶微积分方法

人民邮电出版社

北　京

**图书在版编目（CIP）数据**

图像处理的分数阶微积分方法 / 张彦山，李玲玲著.
北京 : 人民邮电出版社，2025. -- ISBN 978-7-115
-64467-1

Ⅰ. O172

中国国家版本馆 CIP 数据核字第 2024EL5117 号

## 内 容 提 要

分数阶微积分研究的是非整数阶的微分和积分，可实现的阶数灵活且自由度大，所以在图像处理领域的应用得到越来越多的关注。

本书通过特定的分数阶微积分定义与图像处理领域的重要工具——傅里叶变换和分数阶傅里叶变换，建立分数阶微积分与图像处理的关系。全书共 7 章，分别是绪论、图像处理及分数阶微积分基础、分数阶微积分与信号处理的关系、基于分数变阶微分的图像去噪方法、图像复原的分数阶偏微分方法、图像分割的分数阶微积分方法和图像增强的分数阶微积分方法。

本书论述清晰，适合计算机图像处理领域的研究人员、对分数阶微积分应用感兴趣的读者阅读，也适合作为高等院校相关专业学生的参考书。

◆ 著　　　张彦山　李玲玲
　　责任编辑　贾鸿飞
　　责任印制　王　郁　胡　南

◆ 人民邮电出版社出版发行　　北京市丰台区成寿寺路 11 号
　　邮编　100164　电子邮件　315@ptpress.com.cn
　　网址　https://www.ptpress.com.cn
　　固安县铭成印刷有限公司印刷

◆ 开本：700×1000　1/16
　　印张：10.75　　　　　　　2025 年 3 月第 1 版
　　字数：187 千字　　　　　　2025 年 3 月河北第 1 次印刷

定价：99.90 元

读者服务热线：(010)81055410　印装质量热线：(010)81055316
反盗版热线：(010)81055315

　　分数阶微积分的相关理论起源于 17 世纪末莱布尼茨写给洛必达的信中，距今已经超过 300 年。然而，分数阶微积分理论在各领域的应用，在近些年才逐渐兴起——人们逐渐发现分数阶微积分能够刻画自然科学与工程应用领域的一些非经典现象——在图像处理领域，分数阶微积分就扮演着重要的角色，具有独特的作用和广阔的应用前景。

　　例如，在图像去噪中，分数阶微分算子能够加强信号中的高频成分，同时非线性地保留低频成分，从而可以有效去除噪声并保留图像的边缘特征和纹理细节信息。此外，在图像增强、重构、分割、复原及特征提取等任务中，使用分数阶微积分改变图像的亮度分布和对比度，可以有效增强图像的清晰度。随着计算能力的进步，分数阶微积分在处理非线性问题时甚至可以突破传统整数阶微积分的限制，将阶次推广至无理数，为复杂图像的处理提供更多可能。

　　随着现代科技的不断进步，各式各样的图像处理新方法不断地被发掘出来。与此同时，数学理论研究的深入、计算机性能的稳步提升，为图像处理领域带来了更多的可能性。本书以分数阶微积分及其在图像处理中的应用为主题，从数学角度出发，对相关的理论和方法进行归纳总结，旨在推动数学与图像处理领域的交叉与融合。通过特定的分数阶微积分定义与图像处理领域的重要工具——傅里叶变换和分数阶傅里叶变换，建立分数阶微积分与图像变换的关系。书中首次提出分数变阶微分的概念，进而设计基于分数变阶微分的图像去噪模型、图像复原模型和图像分割模型，实现分数阶微积分在图像处理领域的交叉应用。本书的主要特色如下。

　　（1）跨学科整合。本书将数学理论与图像处理技术相结合，为读者提供了一个跨学科的视角。分数阶微积分作为一个强大的数学工具，通常在纯数学领域中被深入研究，而本书展示了如何将这些复杂的数学概念应用于实际的图像处理问题。这有助于读者理解数学理论如何影响实际应用，以及工程与计算机技术背后的数学原理，从而促进两个领域之间的对话和合作。

　　（2）强调实用性。书中提出的基于分数变阶微分的图像去噪、复原和分割模型，在实际应用中能够有效地解决图像中的噪声问题和恢复图像的细节信息，这对于许多涉及图像质量改善的领域（如医学成像、遥感探测、数字摄影等）都是极其重要的。

（3）注重创新性。本书首次提出了分数变阶微分的概念，这一新概念的提出，无疑为图像处理领域带来了新的思路和方法。同时，基于这一新概念，本书还设计了新的图像去噪模型、图像复原模型和图像分割模型，这些模型的出现，对于推动图像处理领域的发展具有重要意义。

郑州航空工业管理学院分数阶微积分图像处理课题组的研究生王璐瑶、吴澄俊、段康、高俊铭参与了本书的撰写，做了大量有意义的研究工作。同时，本书的出版获得了郑州航空工业管理学院科研团队支持计划专项（No.23ZHTD01005）、河南省科技攻关项目（No.242102210150、No.232102210151）、河南省重点研发专项（No.231111212000）、河南省高等学校青年骨干教师培养计划项目（2020GGJS172）、河南省高校科技创新人才支持计划项目（22HASTIT020）、河南省杰出外籍科学家工作室（No.GZS2022011）等项目的支持，并得到航空航天电子信息技术河南省协同创新中心、航空航天智能工程河南省特需急需特色骨干学科群、河南省通用航空技术重点实验室的资助。

由于作者学识水平有限，书中难免存在疏漏与不妥之处，敬请广大读者批评指正。编辑电子邮箱为 jiahongfei@ptpress.com.cn。

编者

2024 年 10 月

## 绪论

## 图像处理及分数阶微积分基础

# 分数阶微积分与信号处理的关系

# 基于分数变阶微分的图像去噪方法

第 **5** 章

# 图像复原的分数阶偏微分方法

# 图像分割的分数阶微积分方法

第 **7** 章

# 图像增强的分数阶微积分方法

# 绪论

## 第 1 章

采集数字图像时，采集的图像往往受噪声和失真的影响而存在信息丢失或扭曲的情况，从而影响对场景判断的准确性，我们因此引入了分数阶微积分。作为整数阶微积分的一种推广，分数阶微积分在信号的奇异性检测和提取方面具有特殊的优势。分数阶微分能够非线性地保留信号的低频成分，同时提高信号的高频成分；分数阶积分则具有非线性地保留信号高频成分并提高信号低频成分的特点。由于分数阶微积分的阶次灵活且自由度大，现代信号分析与处理领域的研究人员开始关注并深入研究其应用。

# 1.1 研究背景和研究现状

图像的本质是二维信号，对其进行分析和处理具有重要的作用和意义。傅里叶变换（Fourier transform，FT）是经典信号分析和处理理论体系的基础和核心，其本质是将信号分解到一组正交完备的正弦信号基上，从频率域对信号加以分析和处理。自从 1965 年 Cooely-Tukey 提出离散傅里叶变换（discrete Fourier transform，DFT）的快速计算方法快速傅里叶变换（fast Fourier transform，FFT）之后，FT在几乎所有的工程领域中取得了应用的巨大成功，这种成功的前提是信号必须在傅里叶域带宽有限。然而自然环境中的信号普遍都是非平稳信号，对于分析和处理一些傅里叶变换域非带宽有限的非平稳信号，应用 FT 有一定的局限性。这种局限性主要体现在：应用传统的傅里叶分析方法很难反映信号频率随时间变化的特性，无法完整描述信号细节特征，因而需要新理论和新技术对现有信号处理手段进行必要的补充和完善。为此，一些学者提出了一系列的非平稳信号分析和处理工具，如短时傅里叶变换、时频分析、加伯变换、小波变换、分数阶傅里叶变换和分数阶微积分等。

1980 年 Namias 从特征值和特征函数的角度提出了分数阶傅里叶变换的概念，并用于微分方程的求解。其后，McBride 等从积分形式的角度给出了分数阶傅里叶变换的定义。1993 年 Mendlovic 和 Ozaktas 从光学角度提出了分数阶傅里叶变换，并给出了分数阶傅里叶变换的光学实现，将其用于光学领域信息处理。自从 1994 年 Almeida 指出分数阶傅里叶变换可以理解为时频平面的旋转后，分数阶傅里叶变换得到越来越多信号处理领域学者的关注。一些分数阶傅里叶变换的基本性质，如卷积和乘积的定理、相关运算等相继被提出。

Zhang 等人研究了分数阶傅里叶变换与短时傅里叶变换的关系，建立了二者的旋转关系。Ozaktas 通过将二次相位函数表示为小波函数，并将角度的正切函数看作尺度参数，建立了分数阶傅里叶变换与小波分析的关系。Ozaktas 还建立了时频平面上分数阶傅里叶域的概念。Almeida 引入了分数阶傅里叶变换与 Wigner 分布的关系，得到了信号分数阶傅里叶变换的 Wigner 分布等于原信号 Wigner 分布的旋转，建立了分数阶傅里叶变换的时频平面旋转的物理意义。Wigner 分布是二次时频表示中非常有用的一种，满足很多数学性质。然而，由于它的二次特性使得它会引起信号间的交叉干扰，针对此问题，王开志等人提出了利用分数阶傅里叶变换检测和消除交叉项，并尽可能减少自项的失真。

在分数阶傅里叶变换用于信号处理方面，分数阶傅里叶变换因对线性调频信号的处理优势而用于分数阶傅里叶域最优滤波和雷达信号处理中。在信号滤波方面，可以将传统的傅里叶域滤波器推广到分数阶傅里叶域中。Almeida 提出扫频滤波器就是分数阶傅里叶域滤波器的时域表现形式，在分数阶傅里叶域对信号滤波可以滤除在频域不容易滤除的信号。Ozaktas 等人给出了最小均方误差下分数阶傅里叶域最优滤波算法，具有很好的普适性。在雷达信号处理方面，陶等人提出了一种基于分数阶傅里叶变换的多分量线性调频信号波达方向估计算法，该算法利用线性调频信号在分数阶傅里叶域的能量聚集性，在分数阶傅里叶域上对多分量线性调频信号进行分离和参数估计。合成孔径雷达（synthetic aperture radar，SAR）综合运用合成孔径技术和脉冲压缩技术，采用较短的天线实现距离向和方位向的高分辨率。由于 SAR 回波信号在距离和方位两个方向均为线性调频信号，因而理论上可以利用分数阶傅里叶变换对线性调频信号的检测和参数估计性能，用于 SAR 的成像算法。Amein 等人利用分数阶傅里叶变换替代 Chirp Scaling 算法（CSA）中的 FFT，形成新的 SAR 成像算法。由于分数阶傅里叶变换具有旋转角度参数，所以 FrCSA 需要引入一个最优变换模块，使得角度参数和线性调频信号的调频率匹配时得到最大的输出响应。由于地面运动目标的回波也近似为线性调频信号，Sun 等人研究了利用分数阶傅里叶变换实现机载 SAR 的运动目标成像。

以二维信号形式呈现的图像携带非常丰富的信息，能够非常直观地反映信息采集时刻的场景。然而，由于图像采集设备种类繁多（有雷达、红外、多光谱等）、采集环境复杂多变，噪声因素使得所采集到的图像的精细特征丢失或产生扭曲，从而产生失真，严重时甚至影响判断与决策。同时，数字图像中邻域内像素点的灰度值具有高度的自相似性，并以复杂的边缘和纹理等细节信息表示。信号处理的传统工具已难以处理这种情况，我们需要寻找新的工具和方法。分数阶微积分作为整数阶微积分的推广，它在信号的奇异性检测和提取方面具有特殊的作用。分数阶微分能够增强信号的高频成分且非线性地保留信号的低频成分，分数阶积分能够增强信号的低频成分且非线性地保留信号的高频成分，分数阶微积分实现的阶次灵活且自由度大，因此开始被现代信号分析与处理的研究人员关注并研究。近年来，分数阶微积分理论在图像底层信息处理中的应用已经取得了一些研究成果，这些图像底层信息主要包括图像压缩、图像复原、图像去噪、图像边缘提取、图像分割和图像奇异性检测等。

蒲亦非等人认为，在增强图像过程中选择阶次适当的分数阶微分算子可以在大幅度提升边缘和纹理细节的同时，非线性地保留图像平滑区域的纹理信息，由此数字图像分数阶微分掩模及其数值运算规则被提出，实验仿真结果表明，针对纹理细节信息丰富的图像，与整数阶微分运算相比，分数阶微分在灰度变化不大的平滑区域提取纹理细节信息的效果更好。杨柱中等人基于分数阶微分算子具有弱导数性质的特点，利用分数阶梯度算子对含弱噪声的图像进行边缘检测，该方法能够有效地避免整数阶梯度算子对噪声敏感的问题，因此可以准确地定位噪声图像的边缘。Mathieu 等人提出了分数阶微分的边缘检测算子，说明分数阶微分阶次在 $1 < v < 2$ 时，分数阶微分边缘检测算子能够有选择地检测出边缘，而在分数阶微分阶次在 $-1 < v < 1$ 时，该检测算子能够在边缘提取的过程中克服噪声的影响；在此基础上，李远禄等人提出了基于分数阶差分的滤波器并将其应用于边缘检测，该滤波器可以解决传统算子边缘检测出现边缘漂移的问题，并且可以抑制部分噪声。汪凯宇和刘红毅等人利用分数阶微积分的记忆特性，分别将分数阶样条小波应用到图像纹理的奇异性检查和图像融合中，较使用整数阶微积分取得了更好的仿真效果。Liu 等人提出了基于分数阶奇异值分解的人脸识别方法，该方法可以有效处理面部的变化，并且在脸部出现剧烈变化时，比传统的分类方法性能更好，为图像高层处理打下坚实基础。左凯等人将卡尔曼滤波和分数阶微积分理论相结合，提出了二维分数阶卡尔曼滤波器并成功应用于图像处理。汪成亮等人通过研究分数阶微积分的基本定义和相应分数阶微分算子的实现方法，提出了将图像的梯度特征和人类视觉特征等理论引入已有的分数阶微分算子，由此构建了基于分数阶微分阶次自适应变化的图像增强模型。高朝邦等人将四元数理论和分数阶微积分理论有机结合，提出了四元数分数阶方向微分的概念，解释其物理意义和几何意义，并根据分数阶微分的特殊性质将其应用于图像增强，得到很好的效果。Bai 等人以 ROF 去噪模型为基础，将分数阶微积分理论和偏微分方程相结合，提出了基于分数阶偏微分方程的图像去噪模型，该方法可以解决传统低阶次整数阶偏微分方程去噪模型容易产生阶梯效应的问题，以及高阶次整数阶偏微分方程去噪模型去噪效果不佳的问题。此后，张军等人将负指数 Sobolev 空间的多尺度图像建模与基于分数阶微积分的图像建模有效结合，提出了统一的基于分数阶多尺度变分图像去噪模型，并初步设计了该模型参数的自适应选择方法。

本书中主要探讨分数阶微积分和图像处理领域的联系，通过研究学科的交叉，可以利用不同学科的优势工具来构建新的模型，发掘解决应用问题的新方法。利用分数阶微积分和图像处理中的重要工具傅里叶变换、分数阶傅里叶变换的关系，不仅可以为图像处理提供更多的新方法，而且还可以为分数阶微积分的物理意义的解释提供新的思路。另外本书还提出了分数变阶微分的概念，它突破了传统微积分的思想，使得微积分概念变得更加细腻，并成功应用于图像处理，构建了分数域变阶微分图像去噪和复原模型，在视觉和量化效果上取得了很好的结果。

# 1.2 分数阶微积分理论

## 1.2.1 分数阶微积分理论背景

分数阶微分或积分，不是指一个分数或一个分式函数的微分或积分运算，而是指微分的阶次或积分的阶次不一定必须是整数，可以是任意实数，甚至可以是复数。分数阶微积分的历史几乎和整数阶微积分的历史一样久。1695 年，德国数学家莱布尼茨（Leibniz）和法国数学家洛必达（L'Hôpital）就曾以书信的方式探讨过把整数阶导数 $\mathrm{d}^n f(x) / \mathrm{d}x^n$ 扩展到非整数的情况。比如，令 $f(x) = x$，$n = 1/2$，则 $\mathrm{d}^{1/2} x / \mathrm{d}x^{1/2}$ 等于多少。对于这个问题，莱布尼茨也是一头雾水，没有给出一个合理的答案。1819 年，拉克鲁瓦（Lacroix）首次给出了这一问题的正确解答：$\mathrm{d}^{1/2} x / \mathrm{d}x^{1/2} = 2x^{1/2} \sqrt{\pi}$。由于分数阶微积分理论与通常的整数阶微积分理论相左，又没有实际应用背景，在此后的一百多年里一直发展缓慢，直到 1973 年曼德尔布罗特（Mandelbort）首次指出自然界及许多科学技术领域中存在大量分数维的事实，而且整体与局部存在自相似现象以后，作为分形几何和分数维的动力学基础，分数阶微积分才获得了新的发展而成为当前国际上的一个热点研究课题，并在许多领域得到了应用。1974 年，第一届分数阶微积分及其应用国际学术会议在美国纽黑文大学召开，并以数学讲义丛书（Lecture Notes in Mathematics）的形式发表了第一部关于分数阶微积分理论和应用的会议文集。同年，奥尔德姆（Oldham）和斯帕尼尔（Spanier）出版了第一部分数阶微积分专著。此后，该领域的研究蓬勃兴起，许多关于分数阶微积分的图书相继出版。在美国数学分类号 2010 版（Mathematics Subject Classification 2010，MSC2010）中也增加了分数阶微积分的条目。另外，至少有两种关于分数阶微积

分的杂志 *Journal of Fractional Calculus* 和 *Fractional Calculus and Applied Analysis* 公开发行。

# 1.2.2 分数阶微积分理论的基本原理

在经典的微积分中，定义求导运算 D 和求积分运算 $J_\alpha$ 如下：

$$\mathrm{D}f(t) = f'(t), \quad \mathrm{J}_\alpha f(t) = \int_\alpha^t f(\xi)\,\mathrm{d}\xi \tag{1.1}$$

它们满足关系式

$$\mathrm{DJ}_\alpha f(t) = f(t), \quad \mathrm{J}_\alpha \mathrm{D}f(t) = f(t) - f(a) \tag{1.2}$$

这说明求导运算 D 是求积分运算 $J_\alpha$ 的左逆运算，且这两种运算一般来说不具有交换性。进一步，对任何自然数 $n$ 有

$$\mathrm{D}^n \mathrm{J}_\alpha^n f(t) = f(t),$$

即求导运算 $\mathrm{D}^n$ 是求积分运算 $\mathrm{J}_\alpha^n$ 的左逆运算。对连续函数 $f(t)$，反复应用分部积分法可得

$$\mathrm{D}^{-n} f(t) = \mathrm{J}_\alpha^n f(t) = \int_\alpha^t \int_\alpha^\tau \cdots \int_\alpha^{n-2} f(\tau_{n-1})\,\mathrm{d}\tau_{n-1} \cdots \mathrm{d}\tau$$

$$= \frac{1}{(n-1)!} \int_\alpha^t \frac{f(\tau)}{(t-\tau)^{1-n}}\,\mathrm{d}\tau \tag{1.3}$$

$$= \frac{1}{\Gamma(n)} \int_\alpha^t \frac{f(\tau)}{(t-\tau)^{1-n}}\,\mathrm{d}\tau$$

其中 $\Gamma(\cdot)$ 是 Gamma 函数，且 $\Gamma(n) = (n-1)!$。因此，对非整数的正数 $\alpha > 0$，我们可以定义分数阶积分

$$\mathrm{D}^{-\alpha} f(t) = \frac{1}{\Gamma(\alpha)} \int_\alpha^t \frac{f(\tau)}{(t-\tau)^{1-\alpha}}\,\mathrm{d}\tau \tag{1.4}$$

进一步，对实数 $\alpha > 0$，记 $[\alpha]$ 为不超过 $\alpha$ 的最大整数。取 $m = [\alpha] + 1$，利用导数和积分的运算公式 $\mathrm{D}^\alpha = \mathrm{D}^m \mathrm{D}^{-(m-\alpha)}$，非整数 $\alpha$ 阶黎曼-刘维尔（Riemann-Liouville）导数定义为

$$_{\alpha}^{RL}D_t^{\alpha}f(t)=\frac{1}{\Gamma(m-\alpha)}\left(\frac{d}{dt^m}\right)^m\int_{\alpha}^{t}\frac{f(\tau)}{(t-\tau)^{1+\alpha-m}}d\tau \tag{1.5}$$

如果利用 $D^{\alpha}=D^{-(m-\alpha)}D^m$，非整数 $\alpha$ 阶卡普托（Caputo）导数定义为

$$_{\alpha}^{C}D_t^{\alpha}(t)=\frac{1}{\Gamma(m-\alpha)}\int_{\alpha}^{t}\frac{f^m(\tau)}{(t-\tau)^{1+\alpha-m}}d\tau \tag{1.6}$$

这里应该说明的是，数学家们从不同的角度出发，给出了分数阶导数的多种定义，这与整数阶导数定义只有一种是截然不同的，其中应用比较广泛的两种就是黎曼-刘维尔导数和卡普托导数。

下面说一下这两类导数的区别。对于非整数 $\alpha$ 阶黎曼-刘维尔导数而言，要先求 $m-\alpha$ 次积分（相当于 $-(m-\alpha)$ 阶导数），再求 $m$ 阶导数，可大致理解为先积分再微分，少积分多微分。而对非整数 $\alpha$ 阶 Caputo 导数而言，是先求 $m$ 阶导数，再求 $m-\alpha$ 次积分（相当于 $-(m-\alpha)$ 阶导数），可理解为先微分再积分，多微分少积分。引入黎曼-刘维尔导数定义，可以简化分数阶导数的计算；引入卡普托导数定义，让其拉普拉斯变换式更简洁，有利于分数阶微分方程的讨论。

接下来介绍这两类导数与整数阶导数的联系和区别。当 $\alpha=m$ 时，这两类分数阶导数与通常的整数阶导数一致。同样，这两类分数阶导数和整数阶导数一样也有线性性质。另外，对函数 $f(x)$ 先求 $\alpha$ 次积分再求 $\alpha$ 阶导数，它的值仍然是 $f(x)$。但是它们之间有很大的区别。整数阶导数反映的是函数在某个取值点的局部性质，而分数阶导数从定义上看实际上是一种积分，它与函数过去的状态有关，反映的是函数的非局部性质。分数阶导数这种性质使得它非常适合构造具有记忆、遗传等效应的数学模型。我们也可以从卷积的角度来说明分数阶导数与整数阶导数的区别。为简单起见，不妨设 $\alpha=0$。令核函数

$$K_{\alpha}(t)=\begin{cases}t^{\alpha-1}/\Gamma(\alpha),t\geq 0\\0,\qquad t<0,\end{cases} \tag{1.7}$$

则（1.5）式可等价地改为 $_0^{RL}D_t^{\alpha}f(t)=K_{\alpha}(t)*f(t)$，"$*$" 为拉普拉斯卷积。显然，对于任意非平凡核，$_0^{RL}D_t^{\alpha}$ 具有记忆性，是非马尔科夫的，只有当 $K_{\alpha}(t)=K_0\delta(t)$ 时，马尔科夫过程才恢复，分数阶导数退化成整数阶导数，这里

$$\delta(t)\begin{cases}1,\quad t=0,\\0,\quad t\neq 0.\end{cases} \tag{1.8}$$

从运算方面看，分数阶导数公式都很复杂，对乘积、商与复合运算没有整数阶导数那样简单的求导公式，计算复杂度大大增加。下面举一个简单的例子说明两者之间的差别。我们知道，常数的正整数阶导数为零，但分数阶导数不一定为零。比如，设 $f(t) = c \neq 0$，对 $0 < \alpha < 1$，有

$$_{0}^{RL}\mathrm{D}_{t}^{\alpha} f(t) = \frac{c(t-\alpha)^{-\alpha}}{\Gamma(-\alpha+1)} \neq 0 \qquad (1.9)$$

不过，$_{a}^{c}\mathrm{D}_{t}^{\alpha} f(t) = 0$。

在过去的 20 年里，分数阶微积分的应用范围逐渐扩大，应用领域涵盖流体力学、流变学、黏弹性力学、分数控制系统与分数控制器、电分析化学、生物系统的电传导、神经的分数模型以及分数回归模型等。但是分数阶微积分在图像处理中的应用还处在初期，如何建立分数阶微积分和图像处理领域的联系，是研究分数阶微积分的重要课题。

# 1.3 图像处理的背景与常用方法

## 1.3.1 图像处理背景简介

从 20 世纪末开始，计算机科学技术的迅猛发展及计算机的逐渐普及，为数字图像处理与计算机视觉（即通过计算机实现图像分析和处理的科学领域）的崛起奠定了物质基础，进而给相关应用带来了深入的研究和大力的发展，使得数字图像和计算机视觉成为信息技术中最重要的学科分支之一。

图像处理具有多学科交叉的特性，它与相邻学科（如模式识别、自动控制、计算机视觉等）之间不存在明确的分界。图像处理的科学体系如图 1.1 所示，这种三个层次的表述方式是当前被人们比较普遍接受的，其中低层次处理是对输入的原始图像 $I_{in}$ 按照某种特定的方法进行变换，从而得到另一幅图像 $I_{out}$。低层次处理技术主要包括图像滤波、图像增强、图像复原、图像修复、图像编码压缩等。而介于低层次处理和中层次处理——图像分析之间的图像处理过程是图像分割，它的输入是原始图像或经过某种预处理的图像。进行图像分割的目的是希望把图像中我们"感兴趣"的对象分离出来。基于边缘的分割、基于区域的分割和基于纹理的分割等是

常用的图像分割方法。

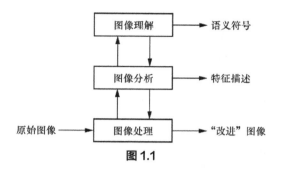

**图 1.1**

图像分析的目的是提取图像对象的特征。所谓特征，一般来说，是指利用较少的数据——特征矢量来刻画对象，以便对图像进行鉴别或分类。可见这一层次的处理结果是特征描述。手写文字识别、指纹识别、基于人脸的身份认证等都是图像分析研究的典型应用。

图像理解则是指在图像分析所提供的特征描述的基础上，研究图像中各个对象的属性及相互关系。例如，对于人的面部图像，可将其表情解释为"喜悦""愤怒""悲伤"等。再例如，在汽车安全系统中，可利用图像处理技术识别驾驶员的疲劳程度。图像理解的输出是已定义的"语义"字符串，这项研究内容通常被划分为计算机视觉或人工智能的范畴。

由上述可知，图像处理的三个层次中，处于较低层次的处理结果可以直接输出投入应用，也可以作为其上一层处理的输入。不过，在实践过程中，也常需要利用高层次处理的结果来改进和完善中低层次处理。这就是图 1.1 中向下的箭头所表示的"反馈"过程。

## 1.3.2 图像处理的传统方法

一般地，我们把底层图像处理表述为图像变换。图像变换操作主要采用的是数学工具，我们可以根据数学工具的不同把图像变换分为以下几种情况。

### 1. 基于点操作和代数运算

一类最简单却非常有用的图像处理方法是灰度变换，一般表示为

$$I_{out}(x, y) = f(I_{in}(x, y)) \tag{1.10}$$

式中 $f(\cdot)$ 被称作灰度变换函数。从（1.10）式我们不难看出，输入图像中任何一点 $(x, y)$ 的灰度值可决定该点输出图像的灰度值，因此归为点操作。我们要求灰度变换函数 $f(\cdot)$ 必须要严格单调递增，这样经过灰度变换后，输出图像与输入图像在形态上可以保持一致。图 1.2 所示为常用的几种 $f(\cdot)$ 函数图像类型。在图像处理中，改善图像的对比度是灰度变换的主要应用点。

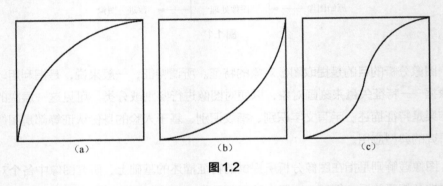

（a）　　　　　　　　　　　（b）　　　　　　　　　　　（c）

**图 1.2**

对两幅图像逐点进行代数运算（加、减、乘、除等），把运算结果当作输出图像在该点的灰度值，这样的操作称为图像的代数运算。在实践中我们应用较多的是加法和减法运算，图像在经过如下加法运算后，加性噪声能明显减少。另外，"二次曝光"的摄影艺术效果也能通过此运算产生。

$$I_{out}(x, y) = I_{in}^{(1)}(x, y) + I_{in}^{(2)}(x, y) \tag{1.11}$$

如果想突出两幅图像之间的差异，我们可以用减法运算

$$I_{out}(x, y) = I_{in}^{(1)}(x, y) - I_{in}^{(2)}(x, y) \tag{1.12}$$

例如，我们把视频中相邻的两帧作为输入图像，经过减法运算后，在输出的差分图像中能很容易地检测出运动物体的边界。

### 2. 基于集合论的方法

有一种灰度值只有 0 或 1 两种类型的特殊图像，我们称其为二值图像或黑白图像。对于这类图像的处理，我们有一套非常重要的方法叫数学形态学方法。塞拉（J. Serra）的著作 *Image Analysis and Mathematical Morphology* 是这个领域的经典之作。

在数学形态学方法中，首先将待处理图像中的"白"区定义为集合 $X$，

$$X = \{(x, y), I(x, y) = 1\} \tag{1.13}$$

当然"黑"区也可以是处理对象，这时黑白区互换便可进行相同的操作；其次需要定义一个结构元素 $B$，例如，3×3 的正方形就是常用的结构元素。这样，我们就可以定义三种基本的形态学算子——膨胀、腐蚀和中值集。

### 3. 基于傅里叶变换的方法

提到强有力的信号分析工具，我们首先想到的是傅里叶变换，它将信号从时域的表达转换到频域的表达，并提供了坚实的数学基础。它的连续形式为

$$\hat{s}(\omega) = \int_{-\infty}^{\infty} s(t) e^{-j\omega t} dt \tag{1.14}$$

式中 $\omega$ 称为角频率，j 为虚数单位（$j^2 = -1$），在不产生混淆的情况下也可简称为频率。傅里叶变换的逆变换表达式为

$$s(t) = \frac{1}{2\pi} \int_{-\infty}^{\infty} \hat{s}(\omega) e^{j\omega t} d\omega \tag{1.15}$$

傅里叶变换的离散形式为

$$S_k = \sum_{n=0}^{k-1} s_n e^{-j\frac{2\pi}{N}kn}, \quad k = 0, \cdots, N-1 \tag{1.16}$$

离散形式的逆变换为

$$s_n = \frac{1}{N} \sum_{k=0}^{N-1} S_k e^{j\frac{2\pi}{N}kn}, \quad n = 0, \cdots, N-1 \tag{1.17}$$

随着离散形式的快速算法的提出，傅里叶变换不仅仅为信号在频域和时域处理的算法设计上提供了理论基础，更重要的是，通过快速算法，傅里叶变换的数值实现可以方便地得到，这大大提高了傅里叶变换在应用方面的可行性。

把傅里叶变换推广到二维层面，便可将其应用于图像处理中，于是有

$$\hat{I}(\omega_x, \omega_y) = \iint_{-\infty}^{\infty} I(x, y) \exp\{-j(\omega_x x + \omega_y y)\} dx dy \tag{1.18}$$

其中，基函数具有分离变量的性质如下：

$$\exp\left\{-\mathrm{j}\left(\omega_x x + \omega_y y\right)\right\} = \exp\left(-\mathrm{j}\omega_x x\right)\exp\left(-\mathrm{j}\omega_y y\right)$$

因此，二维傅里叶变换的结果可容易地由两个一维傅里叶变换来实现。

二维频域也可用极坐标表示，即引入

$$\Omega = \sqrt{\omega_x^2 + \omega_y^2}, \quad \theta = \arctan\frac{\omega_y}{\omega_x} \tag{1.19}$$

这时有

$$\omega_x = \Omega\sin\theta \tag{1.20}$$

函数图像见图 1.3。

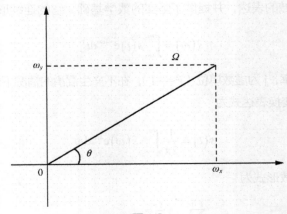

**图 1.3**

图像 $I(x, y)$ 的傅里叶变换为 $\hat{I}(x, y)$，也称为 $I(x, y)$ 的频谱，由于 $\hat{I}(x, y)$ 一般来说是复数，因而可以用它的模值 $|\hat{I}|$ 和相角 $\varphi = \arctan\dfrac{Im\{\hat{I}(x, y)\}}{Re\{\hat{I}(x, y)\}}$ 来表示。它们都是 $(\omega_x, \omega_y)$ 的二维实函数，分别称为图像 $I(x, y)$ 的振幅谱和相位谱。有时也用到 $|\hat{I}|^2$，称为功率谱。

在图像处理中，图像平滑、去噪、锐化、复原，以及 CT 图像重构等都是傅里叶变换的重要应用场所。图像编码中常用的离散余弦变换（DCT），实际上可以看成是傅里叶变换离散形式的一种变异，故也可纳入到傅里叶变换的应用范畴。

傅里叶变换在图像处理中的应用也有不足的地方，那就是缺乏定域性。图 1.4、图 1.5 和图 1.6 所示分别为一幅自然图像（人像）及其傅里叶变换的振幅谱和相位谱。

图 1.4

图 1.5

图 1.6

从这三幅图中可以看出，在原点附近（即频域的低频区域），集中分布着图像的大部分"功率"，而这里高频成分的分布相对比较少，原因是在图 1.4 所示的图像中，大部分区域的灰度值基本不变或变化缓慢（具有这种特征的区域称为平坦区），这里提供了图像大量的低频成分，而提供图像高频成分的部分主要来自于图像的边缘和细节（该部分的灰度值变化通常较为急剧），由于图中边缘和细节只占了整幅图像的很小一部分，所以便出现了图 1.5 中的近似呈现 $1/F$ 特性的振幅谱，以及图 1.6 中呈现高斯随机场特性的相位谱。正是由于具有这种非定域性，所以对图像局部特征的处理是傅里叶变换的短板。

### 4. 基于小波变换的方法

傅里叶变换所使用的正交基函数 $e^{j\omega x}$ 具有广延性，这是其具有非定域性的根本原因。为了解决这一问题，我们需要构造一个理想的正交基函数，也就是既具有足够的光滑性，又在时域和空域都具有好的定域性的正交基函数，但构造这样一个理想的正交基函数不是件容易的事，很长一段时间人们都没有构造成功，这种状况直到法国数学家伊夫·梅耶尔（Yves Meyer）在 20 世纪 80 年代首次构造出一个具有时频双重定域性的正交基函数，并将其发展成一个新的数学分支——小波分析。我们来看一下一维小波变换（wavelet transform，WT）的定义式

$$W_{\psi}f(a,b) = |a|^{-1/2} \int_{-\infty}^{\infty} f(x)\bar{\psi}\left(\frac{x-b}{a}\right)dx, \quad (a,b) \in \mathbf{R}, \, a > 0 \qquad (1.21)$$

式中 $\bar{\psi}(\cdot)$ 称为基小波，$a$ 称为尺度因子，$b$ 称为平移量。

如果 $\psi$ 和它的对偶基 $\hat{\psi}$ 的尺度因子 $a$ 取二进（dyadic）离散化，则有

$$a = 2^{-j}, \quad j \in \mathbf{Z} \qquad (1.22)$$

$b$ 取连续实数时，我们将 $\psi$、$\hat{\psi}$ 称为二进小波，此时它具有完全重构性，而其对应的积分变换和逆变换被称为二进小波变换。若尺度因子按照（1.22）式取离散值，同时平移量按下式

$$b = k \cdot 2^{-j}, \quad (k,j) \in \mathbf{Z}^2 \qquad (1.23)$$

也取离散值，在这种情况下仍然可通过小波基 $\psi_{j,k}$ 和对偶基 $\tilde{\psi}_{j,k}$ 实现分解和完全重构，那么我们称其为双正交小波；进一步若此时对偶基是其自身，即 $\tilde{\psi}_{j,k} = \psi_{j,k}$，那么我们称其为正交小波。在这种情况下，积分小波变换变成离散小波变换（DWT），

二进制小波变换和离散小波变换都存在快速算法。目前小波变换在图像的去噪、增强、编码压缩等方面的应用均取得了优异的成果。

# 1.3.3　图像处理的微积分方法

系统地把偏微分方程（partial differential equations，PDE）方法应用于图像处理和计算机视觉中是近二十多年形成并发展起来的领域。到目前为止，这个领域已经积累了丰富的研究成果，这主要得益于两方面因素。第一，偏微分方程是基础数学的一个重要分支，它已经形成了成熟的理论体系和数值方法；第二，传统的图像处理技术已经积累了丰富的经验。

图像处理中用偏微分方程处理方法的基本思想：在图像的连续数学模型上，让初始图像遵循某个指定的偏微分方程进行演化，而最终演化所得到的偏微分方程的解，就是我们希望得到的处理结果。因此，基于偏微分方程的图像处理方法首先要建立一个合乎处理要求的偏微分方程，即建立数学模型。常用的建模方法主要有：（1）建立"能量"泛函，通过变分法，得到欧拉-拉格朗日（Euler-Lagrange）方程，该方程便是所需要的偏微分方程；（2）将期望实现的图像变化与某种物理过程进行类比（例如，将图像的平滑处理与杂质的扩散类比），建立对应的偏微分方程。

当数学模型建立之后，寻找求解所得偏微分方程的方法就成为最重要的问题。图像函数固有的不连续性，数学模型所得到的 PDE 的非线性，以及图像数据量的庞大等都给数值求解带来困难，因此我们可以说，在图像处理的偏微分方程方法中，数值实现与建立数学模型相似，也是具有挑战性的课题。在数值实现中主要考虑的问题有稳定性、效率和精度。

图像处理中采用偏微分方程方法的主要优点表现在以下两方面。

第一，它具有更强的局域自适应性。从前面的知识我们了解到，傅里叶变换方法是完全没有局域性的，所以原则上它只适用于平稳信号处理，而图像一般来说都是非平稳的。傅里叶变换虽然具有较好的时频双重定域性，但是由于它的尺度因子二进离散化和构成二维小波时所采用的分离变量方法，使它的自适应能力受到极大的限制。虽然目前已提出一些弥补这些不足的方法，如脊小波、曲小波、轮廓小波等，但傅里叶变换在图像处理中仍然存在自适应能力的不足，这是公认的问题。偏微分方程本身是建立在连续图像模型之上的，它使得图像某像素的值在当前时间 $t$ 的变化仅仅依赖于该像素点的一个"无穷小"的邻域。在这一意义上，可以说图像处理的偏微分方程方法具有"无穷"的局域自适应能力。

第二，它具有高度的灵活性。如果成功地建立一个基本模型，对它进行某些修改或扩充，就可以得到性能更完善或应用面更广泛的处理方法。而这种修改或扩充往往是直截了当和简单易行的。

# 图像处理及分数阶微积分基础

## 第2章

图像处理和数学有极其密切的联系，将图像看成二维信号，不论是对其进行分析还是进行处理，都要建立相应的数学模型，其中涉及很多相关的数学知识。为了方便读者透彻理解图像处理和分数阶微积分的联系及其应用，本章介绍本书涉及的相关数学知识和信号处理知识，对于这些结果，我们只是给出结论，具体证明过程可参阅相关文献。

# 2.1 变分原理

把一个物理问题（或其他学科的问题）用变分法转化为求泛函极值（或驻值）的问题，就称为该物理问题（或其他学科的问题）的变分原理。变分法是讨论泛函极值的工具，所谓泛函，是指函数的定义域是一个无限维的空间，即函数空间。在欧氏平面中，曲线的长度函数是泛函的一个重要的例子。一般来说，泛函就是函数空间到实数集的映射。

在本书第 4、5 章中，我们建立的模型是某一能量泛函，而我们想要的结果是最小化该泛函所得到的解。首先我们看一维的情况，假设泛函的形式为

$$E(u) = \int_{x_0}^{x_1} F(x, u, u_x) \mathrm{d}x \tag{2.1}$$

这里，函数 $u(x)$ 具有端点固定的特点，即 $u(x_0) = a$、$u(x_1) = b$。在微积分中，函数 $f(x)$ 的极值对应于 $f'(x) = 0$ 的点，类似地我们有，$E(u)$ 的极值对应于变分 $\dfrac{\partial E}{\partial u} = 0$ 所对应的函数。问题转化成了求一阶变分 $E'$，思考对最优解 $u(x)$ 作微扰的情形，我们可以看到 $u(x) + v(x)$，当 $v(x)$ 和 $v'(x)$ 足够小时，通过泰勒展开可以得到

$$F(x, u+v, u'+v') = F(x, u, u') + \frac{\partial F}{\partial u} v + \frac{\partial F}{\partial u'} v' + \cdots$$

于是，

$$E(u+v) = E(u) + \int_{x_0}^{x_1} \left( v \frac{\partial F}{\partial u} + v' \frac{\partial F}{\partial u'} \right) \mathrm{d}x \tag{2.2}$$

考虑到端点固定的特点 $u(x_0) + v(x_0) = a$、$u(x_1) + v(x_1) = b$，故有 $v(x_0) = 0, v(x_1) = 0$，从而根据分部积分法有

$$\int_{x_0}^{x_1} v' \frac{\partial F}{\partial u'} \mathrm{d}x = \int_{x_0}^{x_1} \frac{\partial F}{\partial u'} \mathrm{d}v = v \frac{\partial F}{\partial u'} \bigg|_{x_0}^{x_1} - \int_{x_0}^{x_1} v \frac{\mathrm{d}}{\mathrm{d}x} \left( \frac{\partial F}{\partial u'} \right) \mathrm{d}x = -\int_{x_0}^{x_1} v \frac{\mathrm{d}}{\mathrm{d}x} \left( \frac{\partial F}{\partial u'} \right) \mathrm{d}x$$

代入（2.2）式得

$$E(u+v) = E(u) + \int_{x_0}^{x_1} \left[ v \frac{\partial F}{\partial u} - v \frac{\mathrm{d}}{\mathrm{d}x} \left( \frac{\partial F}{\partial u'} \right) \right] \mathrm{d}x \tag{2.3}$$

由此可见，当 $E(u)$ 达到极值时，它的值不会因为 $u(x)$ 的任一足够小的微扰 $v(x)$ 而改变。因此，

$$\frac{\partial F}{\partial u} - \frac{\mathrm{d}}{\mathrm{d}x}\left(\frac{\partial F}{\partial u'}\right) = 0 \qquad (2.4)$$

我们将此式称为变分问题式（2.1）的欧拉方程。

下面我们来分析二维的情况，

$$E(u) = \iint_\Omega F(x, y, u, u_x, u_y)\mathrm{d}x\mathrm{d}y \qquad (2.5)$$

利用类似一维的推导方式，很容易便可获得其对应的欧拉方程

$$\frac{\partial F}{\partial u} - \frac{\mathrm{d}}{\mathrm{d}x}\left(\frac{\partial F}{\partial u_x}\right) - \frac{\mathrm{d}}{\mathrm{d}y}\left(\frac{\partial F}{\partial u_y}\right) = 0 \qquad (2.6)$$

综上所述，我们可以把能量泛函极值的求解问题转化成对其相应的欧拉方程的求解问题。但是，欧拉方程通常是非线性的偏微分方程，对其离散化得到的是非线性联立代数方程组，数值计算会比较困难。为了解决这个问题，我们可以引入一个辅助变量——时间，这样便可把静态非线性偏微分方程的求解问题转化成对一个动态的偏微分方程求解的问题。变分问题欧拉方程的解将会在演化达到稳态时获得。这种方法就是梯度下降流方法，下节将进行介绍。

## 2.2 梯度下降流

假设我们要求的解是随时间变化的，可用 $u(\cdot, t)$ 来表示，而且这种随时间的变化，$E(u(\cdot, t))$ 总是减小的，要满足这一要求，$u(\cdot, t)$ 应该怎样变化呢？下面我们来看一维变分问题的情况，我们将式（2.3）中的微扰项 $v(\cdot)$ 看作是 $u(\cdot, t)$ 从 $t$ 到 $t + \Delta t$ 所产生的改变量，也就是

$$v = \frac{\partial u}{\partial t}\Delta t \qquad (2.7)$$

因此我们可以把式（2.3）改写成

$$E(\cdot, t + \Delta t) = E(\cdot, t) + \Delta t\int_{x_0}^{x_1} \frac{\partial u}{\partial t}\left[\frac{\partial F}{\partial u} - \frac{\mathrm{d}}{\mathrm{d}x}\left(\frac{\partial F}{\partial u'}\right)\right]\mathrm{d}x \qquad (2.8)$$

于是，只要令

$$\frac{\partial u}{\partial t} = -\left[\frac{\partial F}{\partial u} - \frac{d}{dx}\left(\frac{\partial F}{\partial u'}\right)\right] = \frac{d}{dx}\left(\frac{\partial F}{\partial u'}\right) - \frac{\partial F}{\partial u}$$

就可使 $E(u(\cdot,t))$ 不断减小，因为这时

$$\Delta E = E(\cdot, t+\Delta t) - E(\cdot, t) = -\Delta t \int\left[\frac{\partial F}{\partial u} - \frac{d}{dx}\left(\frac{\partial F}{\partial u'}\right)\right]^2 dx \leqslant 0$$

所以我们称（2.8）式为变分问题（2.1）式所对应的梯度下降流。

综上所述，我们可以首先选定某一适当的初始（试探）函数 $u_0$，再根据（2.8）式做迭代计算，当 $u$ 达到稳态解时，有

$$\frac{\partial u}{\partial t} = 0 \Rightarrow \frac{\partial F}{\partial u} - \frac{d}{dx}\left(\frac{\partial F}{\partial u'}\right) = 0$$

由此可知，梯度下降流（2.8）式的稳态解也是欧拉方程（2.4）式的解。

二维变分问题的情况和推导一维变分问题的情况类似，其梯度下降流为

$$\frac{\partial u}{\partial t} = \frac{d}{dx}\left(\frac{\partial F}{\partial u_x}\right) + \frac{d}{dy}\left(\frac{\partial F}{\partial u_y}\right) - \frac{\partial F}{\partial u} \tag{2.9}$$

注意：当 $E(u)$ 具有凸性时，它有唯一极小值，从而梯度下降流可得到唯一解，且该解与初始条件无关。而当 $E(u)$ 非凸性时，选用不同的初始函数 $u_0$，梯度下降流可能会得到不同的局部极小值，但这不一定是全局最小值。

# 2.3 傅里叶变换

在信号处理领域中，傅里叶变换是研究最为成熟、应用最为广泛的数学工具之一，它是一种线性算子。从物理意义上来说，傅里叶变换是一种将信号从时域变换到频域的时频分析方法。下面我们给出傅里叶变换的基本概念。

若 $f(t)$ 在任一有限区间上满足狄利克雷条件，且 $f(t)$ 在 $(-\infty, +\infty)$ 上绝对可积（如下积分收敛），即

$$\int_{-\infty}^{\infty} f(t)dt < \infty \tag{2.10}$$

则有如下的傅里叶变换成立：

$$F(\omega) = \int_{-\infty}^{\infty} f(t)\mathrm{e}^{-\mathrm{j}\omega t}\mathrm{d}t \qquad （2.11）$$

傅里叶逆变换表达如下：

$$f(t) = \frac{1}{2\pi}\int_{-\infty}^{\infty} F(\omega)\mathrm{e}^{\mathrm{j}\omega t}\mathrm{d}\omega \qquad （2.12）$$

其中，$F(\omega)$ 称为 $f(t)$ 的象函数，$f(t)$ 称作 $F(\omega)$ 的原函数。

# 2.4 分数阶傅里叶变换

在信号处理领域中，传统的傅里叶变换可看作是从时间轴逆时针旋转到频率轴的算子，而分数阶傅里叶变换就是可旋转任意角度的算子，并由此得到信号新的表示。分数阶傅里叶变换在保留了传统傅里叶变换原有性质和特点的基础上具有其特有的新优势，可认为分数阶傅里叶变换（fractional Fourier transform，FRFT）是一种广义的傅里叶变换。本节主要介绍两种一维分数阶傅里叶变换的定义和主要性质，以及二维分数阶傅里叶变换的定义。

## 2.4.1 分数阶傅里叶变换的定义和重要性质

现有的分数阶傅里叶变换存在不同的定义方式，不同的定义方式代表不同的物理解释。其中比较重要的定义方式是从线性积分变换角度定义和从特征值与特征函数角度定义。定义 2-1 是从线性积分变换的角度给出的分数阶傅里叶变换基本定义。

**定义 2-1** 连续信号 $f(t)$ 的 $p$ 阶分数阶傅里叶变换的定义为

$$F_p(u) = \int_{-\infty}^{\infty} K_p(t,\ u)f(t)\mathrm{d}t, \qquad （2.13）$$

其中 $p$ 为变换阶次，$\alpha = p\pi/2$ 被看作是时频平面旋转的角度。有时也可用 $F^{\alpha}(u)$ 来表示 $p$ 阶分数阶傅里叶变换 $F_p(u)$。核函数 $K_p(t,u)$ 为

$$K_p(u,t) = \begin{cases} \sqrt{\dfrac{1-\mathrm{j}\cot\alpha}{2\pi}}\,\mathrm{e}^{\mathrm{j}\frac{1}{2}u^2\cot\alpha - \mathrm{j}ut\csc\alpha + \mathrm{j}\frac{1}{2}t^2\cot\alpha}, & \alpha \neq k\pi \\ \delta(t-u), & \alpha = 2k\pi \\ \delta(t+u), & \alpha = (2k+1)\pi \end{cases}$$

其中，$k$ 代表任意整数，$\delta$ 是 Dirac 函数。核函数的性质有

$$K_p^{-1}(u,t) = K_{-p}(u,t) = K_p^*(u,t) = K_p^*(t,u) \tag{2.14}$$

时频平面旋转的角度 $\alpha = p\pi/2$ 仅出现在三角函数的参数位置上，因此以 $p$（或 $\alpha$）为参数的定义是以 4（或 $2\pi$）为周期的，因此只需要考察区间 $p \in (-2,2]$（或 $\alpha \in (-\pi,\pi]$）即可。当变换阶次 $p=1$，即时频平面旋转的角度为 $\pi/2$ 时，分数阶傅里叶变换就退化为普通的傅里叶变换

$$F_1(u) = \int_{-\infty}^{\infty} \mathrm{e}^{-\mathrm{j}2\pi ut} f(t)\mathrm{d}t \tag{2.15}$$

同样，可以看出当变换阶次 $p=-1$ 时，$F_{-1}(u)$ 是 $f(t)$ 的普通傅里叶逆变换。分数阶傅里叶变换的逆变换为

$$f(t) = \int_{-\infty}^{\infty} F_p(u) K_{-p}(u,\,t)\mathrm{d}u \tag{2.16}$$

分数阶傅里叶变换是一种统一的时频变换，随着阶次从 0 连续增长到 1，分数阶傅里叶变换展示出信号从时域逐步变化到频域的所有变化特征。以 chirp 信号 $\mathrm{e}^{-\mathrm{j}\cdot10\cdot\pi\cdot t^2}$ 为例，分别选取阶次为 0、0.2、0.75、0.87、0.93 和 1，其相应的分数阶傅里叶变换结果如图 2.1 所示。

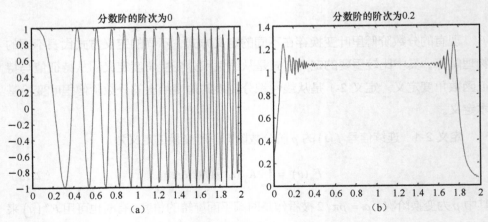

图 2.1

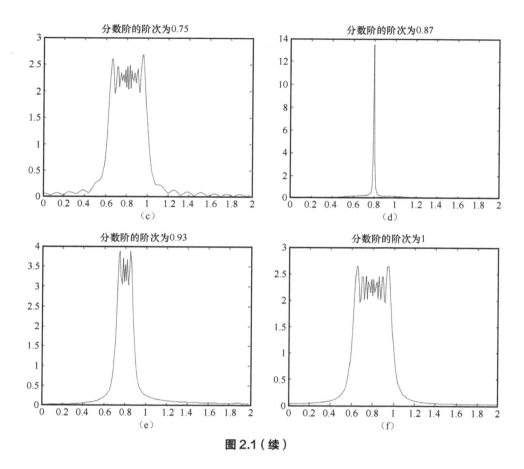

图 2.1（续）

定义 2-2 是从特征值与特征函数角度给出的分数阶傅里叶变换基本定义，它是由纳米亚斯（Namias）在 1980 年给出的。传统的傅里叶变换是定义在信号空间上的连续线性算子 $F$，它对应的特征方程是

$$F[\psi_n(t)] = \lambda_n \psi_n(t) = e^{-jk\pi/2}\psi_n(t), \quad n = 0,1,2\cdots \tag{2.17}$$

其中，傅里叶变换对应的特征值和特征函数分别为 $\lambda_l = e^{-jk\pi/2}$ 和埃尔米特-高斯（Hermite-Gauss）函数 $\psi_n(t) = H_n(t)e^{-t^2/2}$。也就是说 $\psi_n(t)$ 的傅里叶变换等于它自己与复数 $\lambda_n$ 的乘积。表达式中的 $H_n(t)$ 是 $n$ 阶埃尔米特多项式，即

$$H_n(t) = (-1)^n \exp(t^2)\frac{\mathrm{d}^n}{\mathrm{d}t^n}\exp(-t^2) \tag{2.18}$$

那么将 $p$ 阶分数阶傅里叶变换运算定义为普通傅里叶变换的 $p$ 阶分数幂，从而引出定义 2-2。

**定义 2-2** 假设 $\psi_n(t)$ 是埃尔米特-高斯函数，它是传统傅里叶变换对应特征值 $\lambda_n$ 的特征函数，且构成有限能量信号空间的标准正交基，那么分数阶傅里叶变换被定义为线性的并且满足

$$F_p[\psi_n(t)] = \lambda_n^p \psi_n(u) = \mathrm{e}^{-jpn\pi/2}\psi_n(u) \tag{2.19}$$

定义取决于所选的那组特征函数，选择的方法与选择特征值 $\lambda_n$ 的 $p$ 阶幂的方法相同。将其 $x(t)$ 展开为傅里叶变换的特征函数（标准正交基）的线性叠加：

$$x(t) = \sum_{n=0}^{\infty} X_n \psi_n(t) \tag{2.20}$$

其中 $X_n = \int \psi_n(t)x(t)\mathrm{d}t$。根据式（2.19）和式（2.20）可得到

$$F_p[x(t)] = \sum_{n=0}^{\infty} \mathrm{e}^{-jpn\pi/2} X_n \psi_n(u) = \int \sum_{n=0}^{\infty} \mathrm{e}^{-jpn\pi/2}\psi_n(u)\psi_n(t)x(t)\mathrm{d}t \tag{2.21}$$

通过与（2.14）式比较，可将核函数 $K_p(u,t)$ 表示为

$$K_p(u,t) = \sum_{n=0}^{\infty} \mathrm{e}^{-jpn\pi/2}\psi_n(u)\psi_n(t) \tag{2.22}$$

上式称为分数阶傅里叶变换核函数的频谱展开。

在两种定义的基础上，其他的大部分性质可以通过定义 2-1 或者核的对称性推导得到。在表 2.1 中，我们给出了分数阶傅里叶变换的基本性质。表中 $\xi$ 和 $M$ 是实数，但 $M \neq 0$、$\pm\infty$。$\alpha' = \arctan(M^{-2}\tan\alpha)$ 其中 $\alpha'$ 取与 $\alpha$ 同一象限。当 $p$ 取偶数时性质 7 不成立，当 $p$ 取奇数时性质 8 不成立。

**表 2.1 分数阶傅里叶变换的性质**

| 性质 | $f(t)$ | $F_p(u)$ |
|---|---|---|
| 1 | $f(-t)$ | $F_p(-u)$ |
| 2 | $\|M\|^{-1}f(t/M)$ | $\sqrt{\dfrac{1-j\cot\alpha}{1-jM^2\cot\alpha}}\exp\left[j\pi u^2\cot\alpha\left(1-\dfrac{\cos^2\alpha'}{\cos^2\alpha}\right)\right]F_{p'}\left(\dfrac{Mu\sin\alpha'}{\sin\alpha}\right)$ |
| 3 | $f(t-\rho)$ | $\mathrm{e}^{j\pi\rho^2\sin\alpha\cos\alpha}\mathrm{e}^{-j2\pi u\rho\sin\alpha}F_p(u-\rho\cos\alpha)$ |
| 4 | $\mathrm{e}^{j2\pi\rho t}f(t)$ | $\mathrm{e}^{-j\pi\rho^2\sin\alpha\cos\alpha}\mathrm{e}^{-j2\pi u\rho\cos\alpha}F_p(u-\rho\sin\alpha)$ |
| 5 | $t^n f(t)$ | $[\cos\alpha u - \sin\alpha(j2\pi)^{-1}\mathrm{d}/\mathrm{d}u]^n F_p(u)$ |
| 6 | $[(j2\pi)^{-1}\mathrm{d}/\mathrm{d}u]^n f(t)$ | $[\sin\alpha u + \cos\alpha(j2\pi)^{-1}\mathrm{d}/\mathrm{d}u]^n F_p(u)$ |
| 7 | $f(t)/t$ | $-j\csc\alpha\,\mathrm{e}^{j\pi u^2\cot\alpha}\displaystyle\int_{-\infty}^{2\pi u} F_p(u')\mathrm{e}^{-j\pi u'^2\cot\alpha}\mathrm{d}u'$ |

| 性质 | $f(t)$ | $F_p(u)$ |
|---|---|---|
| 8 | $\displaystyle\int_{\xi}^{t} f(t')\mathrm{d}t'$ | $\sec\alpha\, \mathrm{e}^{-\mathrm{j}u^2\tan\alpha}\displaystyle\int_{-\xi}^{u} F_p(u')\mathrm{e}^{\mathrm{j}u'^2\tan\alpha}\mathrm{d}u'$ |
| 9 | $f*(t)$ | $F_{-p}^{*}(u)$ |
| 10 | $f*(-t)$ | $F_{-p}^{*}(-u)$ |
| 11 | $[f(t)+f(-t)]/2$ | $[F_p(u)+F_p(-u)]/2$ |
| 12 | $[f(t)-f(-t)]/2$ | $[F_p(u)-F_p(-u)]/2$ |

## 2.4.2 二维分数阶傅里叶变换

二维的分数阶傅里叶变换主要应用于图像处理，下面简单地给出二维分数阶傅里叶变换的定义及其相应的变换核。假设给定变换阶次 $p_1$ 和 $p_2$，那么对于连续信号 $f(s,t)$ 的二维分数阶傅里叶变换，我们定义为

$$F_{p_1,p_2}(u,v)=\int_{-\infty}^{\infty}\int_{-\infty}^{\infty} K_{p_1,p_2}(s,t,u,v)f(s,t)\mathrm{d}t\mathrm{d}s \qquad (2.23)$$

其中二维分数阶傅里叶变换的核函数为

$$K_{p_1,p_2}(s,t,u,v)=A_\alpha A_\beta \mathrm{e}^{\frac{\mathrm{j}\frac{1}{2}(s^2+u^2)\cot\alpha-\mathrm{j}(su+vt)\csc\alpha+\mathrm{j}\frac{1}{2}(t^2+v^2)\cot\alpha}} \qquad (2.24)$$

这里，参数 $A_\alpha=\sqrt{1-\mathrm{j}\cot\alpha/2\pi}$，$A_\beta=\sqrt{1-\mathrm{j}\cot\beta/2\pi}$，$\alpha=p_1\pi/2$ 和 $\beta=p_2\pi/2$ 表示通过二维分数阶傅里叶变换后的旋转角度。该二维分数阶傅里叶变换的核函数是可分离的，即

$$K_{p_1,p_2}(s,t,u,v)=K_{p_1}(s,u)K_{p_2}(t,v) \qquad (2.25)$$

连续信号 $f(s,t)$ 的二维分数阶傅里叶逆变换为

$$f(s,t)=\int_{\infty}^{\infty}\int_{\infty}^{\infty} F_{p_1,p_2}(u,v)K_{-p_1,-p_2}(s,t,u,v)\mathrm{d}u\mathrm{d}v \qquad (2.26)$$

在特殊情况下，二维分数阶傅里叶变换可退化为一些常用的变换。当 $\alpha=\beta=\pi/2$ 时，二维分数阶傅里叶变换退化为传统的二维傅里叶变换；当 $\alpha=\pi/2,\beta=0$ 时，二维分数阶傅里叶变换变成仅对 $s$ 的传统傅里叶变换；当 $\alpha=0,\beta=\pi/2$ 时，二维分数阶傅里叶变换变成仅对 $t$ 的传统傅里叶变换；当 $\alpha=\beta=0$ 时，二维分数阶傅里叶变换是恒等变换。

下面以二维图像为例来分析二维分数阶傅里叶变换的过程。图 2.2 所示为初始原图像和进行灰度化的图像。对灰度化图像进行阶次 $\alpha = \beta = 0.4$ 的二维分数阶傅里叶变换后的图像幅度谱和相位谱分别如图 2.3（a）和（b）所示。对灰度化图像进行阶次 $\alpha = \beta = 0.9$ 的二维分数阶傅里叶变换后的图像幅度谱和相位谱分别如图 2.4（a）和（b）所示。

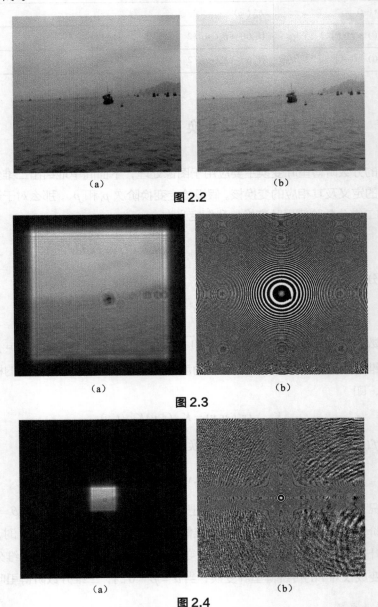

（a）　　　　　　　　　　（b）

图 2.2

（a）　　　　　　　　　　（b）

图 2.3

（a）　　　　　　　　　　（b）

图 2.4

# 2.5 本章小结

　　本章主要介绍了变分原理、梯度下降流，以及信号处理中的两个重要工具傅里叶变换和分数阶傅里叶变换。其中变分原理在后面章节介绍的模型构建中起到很大的作用，而梯度下降流主要用在建立模型的求解中。傅里叶变换理论在信号处理应用中十分成熟，它有快速算法 FFT。分数阶傅里叶变换随着阶次从 0 连续增长到 1 的过程可展示信号从时域逐步变化到频域的所有变化特征，其优点是有更多的自由参数，在应用中更加灵活。针对分数阶微积分在信号处理中的应用，本章简单介绍了傅里叶变换和分数阶傅里叶变换的定义，以及分数阶傅里叶变换的性质和应用实例，这是进一步研究图像处理的分数阶微积分方法的理论基础。

# 分数阶微积分与信号处理的关系

第 **3** 章

探究分数阶微积分和图像处理领域之间的联系，主要的方法是建立分数阶微积分和傅里叶变换、分数阶傅里叶变换之间的关系。首先我们运用数学工具推导出它们之间的数学关系式子，即通过数学关系式子来观察、研究分数阶微积分与图像处理之间的内在联系。其次，我们运用分数阶微积分与傅里叶变换和分数阶傅里叶变换的性质，实现分数阶微积分与后两者的交叉应用，提出基于傅里叶变换的分数阶微积分离散化方法，以及通过分数阶傅里叶变换获得一个函数的分数阶微分的方法。

# 3.1 问题描述

分数阶微积分是指阶次非整数的微分和积分，其起源与传统的整数阶微积分相同。分数阶傅里叶变换被发现在光学和其他领域有很多应用，是传统傅里叶变换的推广。近些年，许多关于分数阶微积分或分数阶傅里叶变换的论文发表，但是这些论文没有研究这两个分数阶领域之间的关系。因此，研究它们的关系，推导出它们之间的关系表达式，在学科交叉中找到新的方法是我们的目标。例如，我们可以通过分数阶微积分的性质（非局部性等）来解决光学工程中通过分数阶傅里叶变换难以解决的问题；也可以通过分数阶傅里叶变换光学实现的物理意义来解释分数阶微积分的物理含义。两种方法可以在这两个分数阶领域相互交叉使用，使得分数阶方法论在许多应用中毫无疑问地获得成功，比如在非线性复杂动力系统以及信号处理中等。

# 3.2 分数阶微积分

分数阶微积分是传统整数阶微积分的广义形式，用来处理非整数阶的积分和微分。在分数阶微积分理论的发展和演化中，许多研究者从不同的角度出发研究并给出了对应的分数阶微积分的定义，比如黎曼-刘维尔定义、格林瓦尔德-列特尼科夫（Grünwald-Letnikov）定义、卡普托定义等。第一次系统的分数阶微积分研究是刘维尔在 1832 年进行的。继刘维尔之后，黎曼在他的学生时代发展了一种稍微不同的分数阶微积分理论，他用一种广义的泰勒级数导出了一个关于任意阶积分的公式。

**定义 3-1** 设 $\alpha$ 是一个正实数，那么一个定义在区间 $[c,t]$ 上的因果函数 $f(t)$（即当 $t<0$ 时函数值为零）的 $\alpha$ 阶黎曼-刘维尔分数阶积分的定义为

$$J_c^\alpha f(t) = \frac{1}{\Gamma(\alpha)} \int_c^t \frac{f(\tau)}{(t-\tau)^{1-\alpha}} \mathrm{d}\tau \tag{3.1}$$

其中 $J^\alpha$ 表示 $\alpha$ 阶次的分数阶积分算子，$c$ 是积分下限，$\Gamma$ 表示伽马函数。

特别地，如果 $c=0$ ，那么式（3.1）就变成黎曼公式，然而如果 $c=-\infty$ ，那么式（3.1）就变成了刘维尔公式（值得注意的是，在许多关于分数阶微积分的文章或图书中，黎曼-刘维尔分数阶积分公式多是考虑 $c=0$ 的情况，因此通常会给出黎曼公式）。

有了分数阶积分概念以后，有人会问是否 $\alpha$ 阶分数阶导数的定义可以用 $-\alpha$ 代替 $\alpha$ 通过（3.1）式直接获得。答案是可以，但是需要注意的是必须保证和保持积分的收敛性和常义整数阶导数的性质。为此本书用 $\mathrm{D}^n$（ $n\in N$ ）表示 $n$ 阶整数阶导数算子，注意 $\mathrm{D}^n\mathrm{J}^n=I$ 但 $\mathrm{J}^n\mathrm{D}^n\neq I$ ；即，$\mathrm{D}^n$ 与对应的积分算子 $\mathrm{J}^n$ 是左逆的（不是右逆的）。因而，我们希望将 $\mathrm{D}^\alpha$ 对应于 $\mathrm{J}^\alpha$ 也定义成左逆的。我们从（3.1）式可以获得 $\alpha$ （ $\alpha>0$ ）阶分数阶导数的定义，这里我们令 $c=0$ 。

**定义 3-2** 假设 $m-1<\alpha\leq m$ ，$m$ 为正整数，那么定义在区间 $[0,t]$ 上一个因果函数 $f(t)$ 的 $\alpha$ 阶黎曼-刘维尔导数可以定义为

$$\mathrm{D}^\alpha f(t)=\mathrm{D}^m\mathrm{J}^{m-\alpha}f(t)=\frac{\mathrm{d}^m}{\mathrm{d}t^m}\left[\frac{1}{\Gamma(m-\alpha)}\int_0^t\frac{f(\tau)}{(t-\tau)^{\alpha+1-m}}\mathrm{d}\tau\right] \tag{3.2}$$

注意如果 $\alpha=m$ ，那么（3.2）式就退化成了整数阶导数 $\mathrm{D}^\alpha f(t)=\mathrm{D}^m\mathrm{J}^{m-\alpha}f(t)=\frac{\mathrm{d}^m}{\mathrm{d}t^m}f(t)$ 。

所有分数阶导数的定义有一个共同的特性，那就是分数阶导数算子具有非局部性，也就是说，$\mathrm{D}^\alpha_{t_0}f(t)$ 的值依赖于整个定义区间的函数值。相反，我们都知道整数阶导数具有局部性的特性。

为了方便起见，我们用符号 $\dfrac{\mathrm{d}^q f}{[\mathrm{d}(t-c)]^q}$ 表示定义在区间 $[c,t]$ 上的一个因果函数 $f$ 在 $t$ 点处的 $q$ 阶微积分值。显然，当 $q=-\alpha$ 是一个负实数时，$\dfrac{\mathrm{d}^q f}{[\mathrm{d}(t-c)]^q}$ 就是 $\mathrm{J}^\alpha f(t)$ ，而当 $q=\alpha$ 是一个正实数时，$\dfrac{\mathrm{d}^q f}{[\mathrm{d}(t-c)]^q}$ 就变成了 $\mathrm{D}^\alpha$ 。故（3.2）式可以等价地表示为

$$\frac{\mathrm{d}^q f}{[\mathrm{d}(t-c)]^q}=\sum_{k=0}^{m-1}\frac{[t-c]^{k-q}f^{(k)}(c)}{\Gamma(k-q+1)}+\frac{1}{\Gamma(m-q)}\int_c^t\frac{f^m(y)\mathrm{d}y}{[t-y]^{q-m+1}}$$

其中 $m$ 是一个正整数且 $m-1\leq q<m$ 。图 3.1 显示了一些函数的分数阶微积分的图像。

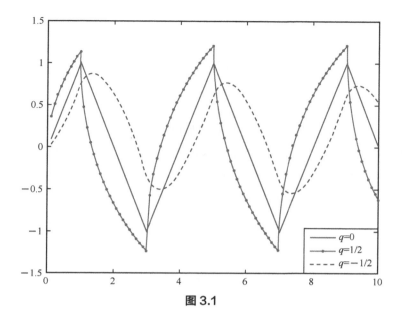

**图 3.1**

# 3.3　分数阶微积分与傅里叶变换的关系

　　本节我们通过计算函数 $f$ 的 $q$ 阶分数阶微积分（仅考虑 $c=0$ 的情况）$\dfrac{\mathrm{d}^q f}{\mathrm{d}t^q}$ 的傅里叶变换，来找出函数 $f$ 的傅里叶变换 $F[f]$ 与其分数阶微积分的关系。首先，我们来回忆一下整数阶微积分和傅里叶变换的关系。

　　假设函数 $f(t)$ 是定义在区间 $[0,t]$ 的一个信号，那么有

$$F\left[\frac{\mathrm{d}^q f}{\mathrm{d}t^q}\right]=(\mathrm{j}\omega)^q F[f]-\sum_{k=0}^{q-1}(\mathrm{j}\omega)^k\frac{\mathrm{d}^{q-1-k}f(0)}{\mathrm{d}t^{q-1-k}},\quad q=1,2,3,\cdots$$

和

$$F\left[\frac{\mathrm{d}^q f}{\mathrm{d}t^q}\right]=(\mathrm{j}\omega)^q F[f],\quad q=0,-1,-2,\cdots$$

　　当 $q$ 是整数时，$\dfrac{\mathrm{d}^q f}{\mathrm{d}t^q}$ 就是传统的整数阶微积分，利用整数阶微积分的知识我们很容易得到上面的结论。

从上面的论述中我们可以发现两个公式可以合并在一起

$$F\left[\frac{\mathrm{d}^q f}{\mathrm{d}t^q}\right] = (\mathrm{j}\omega)^q F[f] - \sum_{k=0}^{q-1} (\mathrm{j}\omega)^k \frac{\mathrm{d}^{q-1-k} f(0)}{\mathrm{d}t^{q-1-k}} \tag{3.3}$$

这里 $q = 0, \pm 1, \pm 2, \cdots$。

注意，上式中求和项的上限 $q-1$ 可以被任何比 $q-1$ 大的整数代替，甚至可以被 $\infty$ 代替。合并后唯一有区别的地方就是求和项中多了系数 $\mathrm{d}^{-1} f(0) / \mathrm{d}t^{-1}$、$\mathrm{d}^{-2} f(0) / \mathrm{d}t^{-2}$ 等项，而对于任何傅里叶变换存在的函数 $f$，这些系数都为零。类似地，我们将公式（3.3）中的整数 $q$ 扩展为非整数。

假设 $f$ 是一个定义在区间 $[0, t]$ 上的因果函数，那么它的分数阶微积分和它的傅里叶变换之间有如下的关系式

$$\frac{\mathrm{d}^q f}{\mathrm{d}t^q} = F^{-1}\{(\mathrm{j}\omega)^q F[f]\} - \sum_{k=0}^{n-1} F^{-1}\left[(\mathrm{j}\omega)^k \frac{\mathrm{d}^{q-1-k} f(0)}{\mathrm{d}t^{q-1-k}}\right] \tag{3.4}$$

这里 $q$ 是任意的实数，$n$ 是整数且 $n-1 < q \leq n$，当 $q \leq 0$ 时求和项消失。

我们先考虑 $q \leq 0$ 的情况，这样黎曼-刘维尔分数阶积分的定义便可采用。直接应用卷积定理

$$F\left[\int_0^t f_1(t-y) f_2(y)\mathrm{d}y\right] = F[f_1]F[f_2]$$

可得到

$$F\left[\frac{\mathrm{d}^q f}{\mathrm{d}t^q}\right] = \frac{1}{\Gamma(-q)} F[t^{-1-q}]F[f] = (\mathrm{j}\omega)^q F[f], \quad q < 0 \tag{3.5}$$

因此，公式（3.3）便可无须改变地推广到负数 $q$。

对于正的非整数 $q$，我们可利用

$$\frac{\mathrm{d}^q f}{\mathrm{d}t^q} = \frac{\mathrm{d}^n}{\mathrm{d}t^n} \frac{\mathrm{d}^{q-n} f}{\mathrm{d}t^{q-n}}$$

这里 $n$ 是整数且 $n-1 < q < n$。现在，利用公式（3.3）我们可得到

$$F\left[\frac{\mathrm{d}^q f}{\mathrm{d}t^q}\right] = F\left[\frac{\mathrm{d}^n}{\mathrm{d}t^n} \frac{\mathrm{d}^{q-n} f}{\mathrm{d}t^{q-n}}\right]$$

$$= (\mathrm{j}\omega)^n F\left[\frac{\mathrm{d}^{q-n} f}{\mathrm{d}t^{q-n}}\right] - \sum_{k=0}^{n-1} (\mathrm{j}\omega)^k \frac{\mathrm{d}^{n-1-k}}{\mathrm{d}t^{n-1-k}}\left[\frac{\mathrm{d}^{q-n} f(0)}{\mathrm{d}t^{q-n}}\right]$$

由于 $q - n < 0$，所以上式等号右端的第一项可通过公式（3.5）来计算，第二项求和项可利用合成法则来计算。因此，对于 $0 < q \neq 1, 2, 3, \cdots$，有

$$F\left[\frac{\mathrm{d}^q f}{\mathrm{d}t^q}\right] = (\mathrm{j}\omega)^q F[f] - \sum_{k=0}^{n-1} (\mathrm{j}\omega)^k \frac{\mathrm{d}^{q-1-k} f(0)}{\mathrm{d}t^{q-1-k}}$$

把这两种情况合并到一起，有

$$F\left[\frac{\mathrm{d}^q f}{\mathrm{d}t^q}\right] = (\mathrm{j}\omega)^q F[f] - \sum_{k=0}^{n-1} (\mathrm{j}\omega)^k \frac{\mathrm{d}^{q-1-k} f(0)}{\mathrm{d}t^{q-1-k}}$$

即

$$\frac{\mathrm{d}^q f}{\mathrm{d}t^q} = F^{-1}\{(\mathrm{j}\omega)^q F[f]\} - \sum_{k=0}^{n-1} F^{-1}\{(\mathrm{j}\omega)^k \frac{\mathrm{d}^{q-1-k} f(0)}{\mathrm{d}t^{q-1-k}}\}$$

这里 $q$ 是任意实数，$n$ 是整数且 $n - 1 < q \leqslant n$，当 $q \leqslant 0$ 时，求和项消失。

# **3.4** 分数阶微积分和分数阶傅里叶变换的关系

本节我们将在上节的基础上找到分数阶微积分和分数阶傅里叶变换的关系，为此，我们首先拓展分数阶微积分的定义。

**定义 3-3** 假设 $f$ 是定义在区间 $[c, t]$ 上的一个因果函数，那么函数 $f$ 在 $t$ 点处的 $q$ 阶积分值为

$$\frac{\mathrm{d}^q f}{[\mathrm{d}(t-c)]^q} = \frac{1}{\Gamma(-q)} \int_c^t \frac{f(y)\mathrm{e}^{\mathrm{j}\frac{\cot\alpha}{2}[y^2 + (t-y)^2]\mathrm{d}y}}{[t-y]^{q+1}}, \quad q < 0$$

其中 $\Gamma(x) = \int_0^\infty y^{x-1}\mathrm{e}^{-y}\mathrm{d}y$，$x > 0$ 是伽马函数，$\alpha$ 是一个实数且 $\alpha \neq n\pi$，$n \in \mathbf{Z}$。显然，当 $\alpha = k\pi/2$，$k \in \mathbf{Z}$ 且 $k \neq 2n$ 时，上面的公式退化成黎曼-刘维尔分数阶积分。

对于分数阶导数（$q \geqslant 0$），我们利用公式（3.2）可获得

$$\frac{\mathrm{d}^q f}{\mathrm{d}(t-c)^q} = \frac{\mathrm{d}^n f}{\mathrm{d}t^n} \frac{\mathrm{d}^{q-n} f}{[\mathrm{d}(t-c)]^{q-n}}$$

这里 $\dfrac{\mathrm{d}^n}{\mathrm{d}t^n}$ 就是传统的 $n$ 阶导数，$n$ 是一个足够大的整数使得 $q-n<0$。

在下面的论述中，我们令 $c=0$。

**定义 3-4** 假设 $f$ 是一个定义在区间 $[0,t]$ 上的因果函数，那么它的分数阶微积分和它的分数阶傅里叶变换之间有如下的关系式

$$\frac{\mathrm{d}^q f}{\mathrm{d}t^q} = \mathrm{e}^{\mathrm{j}\frac{\cot\alpha}{2}t^2} F_{-\alpha}\left\{\frac{1}{\Gamma(-q)}\beta_\alpha^{-1}\mathrm{e}^{-\mathrm{j}\frac{\cot\alpha}{2}u^2}F_\alpha[f]F_\alpha[t^{-q-1}]\right\}$$

这里 $\beta_\alpha = \sqrt{\dfrac{1-\mathrm{j}\cot\alpha}{2\pi}}$，$\alpha$ 一个实数且 $\alpha \neq n\pi$，$n\in\mathbf{Z}$。

证明：

$$F_\alpha\left[\mathrm{e}^{-\mathrm{j}\frac{\cot\alpha}{2}t^2}\frac{\mathrm{d}^q f}{\mathrm{d}t^q}\right] = \frac{1}{\Gamma(-q)}\beta_\alpha\int_0^\infty \mathrm{e}^{\mathrm{j}\frac{u^2}{2}\cot\alpha-\frac{\mathrm{j}ut}{\sin\alpha}}\int_0^t \frac{f(y)\mathrm{e}^{\mathrm{j}\frac{\cot\alpha}{2}[t^2+(t-y)^2]}}{(t-y)^{q+1}}\mathrm{d}y\mathrm{d}t$$

$$= \frac{1}{\Gamma(-q)}\beta_\alpha\int_0^\infty f(y)\mathrm{e}^{\mathrm{j}\frac{y^2}{2}\cot\alpha}\int_y^\infty \frac{\mathrm{e}^{\mathrm{j}\frac{u^2}{2}\cot\alpha-\frac{\mathrm{j}ut}{\sin\alpha}+\mathrm{j}\frac{\cot\alpha}{2}(t-y)^2}}{(t-y)^{q+1}}\mathrm{d}t\mathrm{d}y$$

用 $\tau$ 来代替 $(t-y)$，可得

$$F_\alpha\left[\mathrm{e}^{-\mathrm{j}\frac{\cot\alpha}{2}t^2}\frac{\mathrm{d}^q f}{\mathrm{d}t^q}\right] = \frac{1}{\Gamma(-q)}\beta_\alpha\int_0^\infty f(y)\mathrm{e}^{\mathrm{j}\frac{y^2}{2}\cot\alpha}\int_0^\infty \mathrm{e}^{\mathrm{j}\frac{u^2}{2}\cot\alpha-\frac{\mathrm{j}uy}{\sin\alpha}-\frac{\mathrm{j}u\tau}{\sin\alpha}+\mathrm{j}\frac{\cot\alpha}{2}\tau^2}\tau^{-q-1}\mathrm{d}\tau\mathrm{d}y$$

$$= \frac{1}{\Gamma(-q)}\beta_\alpha\int_0^\infty f(y)\mathrm{e}^{\mathrm{j}\frac{y^2}{2}\cot\alpha-\frac{\mathrm{j}uy}{\sin\alpha}}\int_0^\infty \mathrm{e}^{\mathrm{j}\frac{u^2+\tau^2}{2}\cot\alpha-\frac{\mathrm{j}u\tau}{\sin\alpha}}\tau^{-q-1}\mathrm{d}\tau\mathrm{d}y$$

$$= \frac{1}{\Gamma(-q)}\beta_\alpha^{-1}\mathrm{e}^{-\mathrm{j}\frac{\cot\alpha}{2}u^2}\beta_\alpha\int_0^\infty f(y)\,\mathrm{e}^{\mathrm{j}\frac{y^2+u^2}{2}\cot\alpha-\frac{\mathrm{j}uy}{\sin\alpha}}\mathrm{d}y$$

$$\beta_\alpha\int_0^\infty \mathrm{e}^{\mathrm{j}\frac{u^2+\tau^2}{2}\cot\alpha-\frac{\mathrm{j}u\tau}{\sin\alpha}}\tau^{-q-1}\mathrm{d}\tau$$

$$= \frac{1}{\Gamma(-q)}\beta_\alpha^{-1}\mathrm{e}^{-\mathrm{j}\frac{\cot\alpha}{2}u^2}F_\alpha[f]F_\alpha[t^{-q-1}]$$

两边作分数阶傅里叶逆变换并乘以 $\mathrm{e}^{\mathrm{j}\frac{\cot\alpha}{2}t^2}$，便可得到

$$\frac{\mathrm{d}^q f}{\mathrm{d}t^q} = \mathrm{e}^{\mathrm{j}\frac{\cot\alpha}{2}t^2}F_{-\alpha}\left\{\frac{1}{\Gamma(-q)}\beta_\alpha^{-1}\mathrm{e}^{-\mathrm{j}\frac{\cot\alpha}{2}u^2}F_\alpha[f]F_\alpha[t^{-q-1}]\right\}$$

这里 $\beta_\alpha = \sqrt{\dfrac{1 - j\cot\alpha}{2\pi}}$ ， $\alpha$ 是一个实数。显然，当 $\alpha = \dfrac{\pi}{2}$ 时，上面关系式就变成了分数阶微积分和傅里叶变换的关系式。

# 3.5 应用

## 3.5.1 分数阶微积分的离散化方法

傅里叶变换和分数阶傅里叶变换作为信号处理领域的重要研究工具，发展已成熟或趋于成熟，分数阶微积分在数学领域的理论部分日趋完善，它们在各自领域的方法和结果可以通过本章介绍的分数阶微积分和傅里叶变换、分数阶傅里叶变换之间的关系而交叉使用。例如，我们可以通过傅里叶域的采样定理来离散化分数阶微积分。对于一个信号 $x(t)$ ，它的 $q$ 阶分数阶微积分是 $\dfrac{\mathrm{d}^q x(t)}{\mathrm{d}t^q}$ ，其基于傅里叶域的分数阶微积分离散化方法步骤如下。

① 根据香农采样定理，对信号 $x(t)$ 进行采样，得到 $x_p(t)$ 。

② 对 $x_p(t)$ 作离散时间傅里叶变换，得到 $x_p\left(\mathrm{e}^{\mathrm{j}\omega}\right)$ 。

③ 计算 $(1 - \mathrm{e}^{-j\omega})^q$ 的值，并将其与 $x_p\left(\mathrm{e}^{\mathrm{j}\omega}\right)$ 相乘。

④ 对第③步得到的乘积结果作逆离散时间傅里叶变换，得到 $y[n]$ 。 $y[n]$ 就是我们想要的信号 $x(t)$ 的 $q$ 阶分数阶微积分。

图 3.2 详细显示了上述步骤的流程。

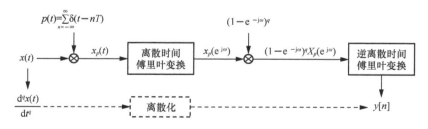

**图 3.2**

现在我们用正弦函数作为例子来验证该方法的有效性。仿真结果如图 3.3、图 3.4 所示。在我们的试验中，我们选取信号 $y = \sin(t)$、$t \in [0, 6.28]$、$f_s = 10\text{MHz}$ 和 $N = 62800$。在图 3.3 中，虚线表示信号 $\sin(t)$ 在黎曼-刘维尔定义下的 0.2 阶微分连续曲线。针状线表示按照我们提出的离散化方法所获得的信号 $\sin(t)$ 的 0.2 阶微分离散曲线。图 3.4 是积分的情况。从图 3.3 和图 3.4 中可以发现，离散化的微积分曲线和连续的微积分曲线保持高度一致，因此，我们提出的基于傅里叶变换的分数阶微积分离散化方法是非常有效的。

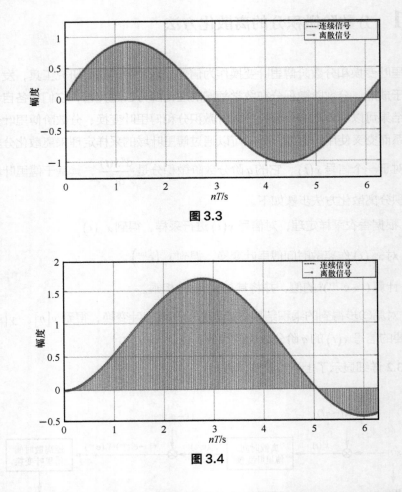

**图 3.3**

**图 3.4**

在图 3.5 和图 3.6 中，我们给出了上面两种情况的相对误差。这两幅图可以用来证明我们提出的离散化方法的有效性。

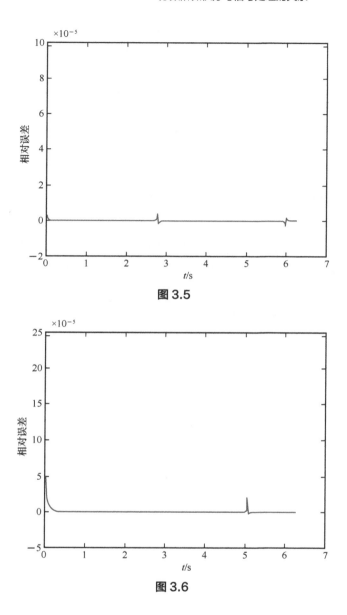

图 3.5

图 3.6

## 3.5.2 分数阶微积分的求解新方法

有时候一个函数的分数阶微积分的解可能不容易求得，此时我们可以通过该函数的分数阶傅里叶变换来获得其分数阶微积分，具体流程如图 3.7 所示。

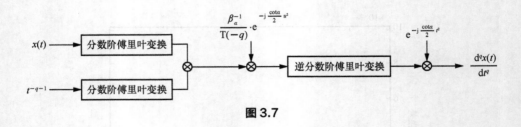

**图 3.7**

# 3.6 本章小结

  本章我们主要论述了分数阶微积分与傅里叶变换及分数阶傅里叶变换的关系，实现不同学科的交叉研究。分数阶微积分和分数阶傅里叶变换是两个很有趣、很有用的分数阶领域，这两个分数阶领域可以实现统一。分数阶微积分方法和思路与图像处理领域的方法和思路可以相互使用，从而为分数阶微积分在不同领域的应用研究提供了思路。

# 基于分数变阶微分的图像去噪方法

本章我们把分数阶微积分引入图像去噪中,首次提出了分数变阶微分的概念,并利用分数阶微积分和图像处理中的偏微分方程建立了一种新的分数变阶的自适应图像去噪模型。该模型可根据图像不同区域的不同特征自动地选择不同的微分阶次进行图像处理,可在图像的非纹理区域较好地去噪并抑制"阶梯效应",在纹理区域可以较好地保持纹理。我们对模型进行了仔细的分析并且给出了数值算法,图像的仿真测试结果证明了该模型在保持一些图像细节、算法的迭代次数上,以及视觉效果和峰值信噪比方面优于传统偏微分方程模型及分数阶异性扩散模型。

第 **4** 章

# 4.1 问题描述

数字图像通常被表示为标量矩阵（对于灰度图像）或矢量矩阵（对于彩色图像），原因是它们经常被电荷耦合器件（CCD）阵列捕获（就像物体在数码相机中成像），或者在液晶阵列中显示（如在笔记本电脑屏幕或掌上电脑屏幕）。但是从信息论的角度来看，用像素矩阵表示绝对不是最有效的方式。

对于一类给定的物理图像 $U$ 的表示，就是一个变换 $T$。在这个变换下，类中的任意图像 $u$ 被变换为一个新的数据类型或者结构 $w = Tu$。记 $W$ 表示 $T$ 的值域空间，通常也被称为变换空间。简记为

$$T : U \to W, \quad u \to w = Tu \qquad (4.1)$$

这一表示被称为线性的。如果图像类 $U$ 和其变换空间 $W$ 都是线性空间，或者是线性空间中的凸锥，举例来说，只要 $u_1$ 和 $u_2$ 是 $U$ 中的元素，$a, b \in \mathbf{R}$ 或 $\mathbf{R}^+$，那么 $au_1 + bu_2$ 也是 $U$ 中的元素；变换 $T$ 是线性的：

$$T[au_1 + bu_2] = aTu_1 + bTu_2 \qquad (4.2)$$

例如，考虑所有两个像素图像组成的类 $U = u = (s, t) \mid s, t \in \mathbf{R}^+$，这是一个 $\mathbf{R}^2$ 中的凸锥。记变换空间为 $w = (a, d) \in W = \mathbf{R}^2$，并且记 $T$ 为哈尔（Haar）的平均差分变换：

$$w = Tu : a = \frac{s+t}{2}, \quad d = \frac{s-t}{2} \qquad (4.3)$$

这是哈尔小波构建中关键的线性变换。

从数学的角度出发，人的视觉系统也可以看成是一种（生物）表示算子 $T_h$。两个视网膜的光子接收器（即视锥和视感）确实以二维的形式分布。记 $U$ 表示发射到左、右两眼的视网膜上的图像类 $u = (u_l, u_r)$，$W$ 表示主要视觉皮层编码下的电化学信号类（V1 和 MT）。因此，人类的视觉系统［从光感受器、神经节细胞、外侧膝状体（LGN）到初级视觉皮层 V1 等］是通过复杂的神经和细胞系统实现的一种生物表示变换 $T_h$。大量的证据表明这种转换是非线性的。

对于一种特殊的图像表示形式，如何判定其是否能有效地用于对图像或视觉信号进行分析呢？图像是一种特殊的信号，它本身就带有大量的三维世界中的材料、

形状、位置等信息。一个好的表示形式要能突出这些信息并有效、准确地抓住有关的重要的视觉特征，这是高效率的图像建模或表示中最普遍的准则。

本章我们讨论图像去噪的问题。图像去噪是图像处理中的重要部分，也是图像处理中具有挑战性的研究课题。图像去噪就是把含噪声图像中的噪声部分去除，同时尽可能保持图像的边缘和其他精细特征不变。很多学者长期从事图像去噪的研究，并提出了很多方法，其中的偏微分方程方法就是很有潜力的图像去噪方法，但是传统的偏微分方程模型在去噪的过程中会使图像失去一些令人感兴趣的精细结构，因此，许多非线性偏微分方程自适应平滑去噪方法被提出，这些方法在去噪的同时能够保留图像的重要结构。虽然这些方法被证明在图像去噪和边缘保持方面取得了有效的折中，但是去噪后恢复的图像通常表示为分段函数，因而会出现"块"效应。为了减少"块"效应同时又保持图像的边缘不变，许多其他的非线性滤波方法被提出来。在近些年，高阶和分数阶偏微分方程引起了很多人的兴趣。例如，You 和 Kaveh 提出了一类四阶偏微分方程方法，使用的方程是图像的密度函数的拉普拉斯变换绝对值的增函数的欧拉-拉格朗日方程；Cuesta 提出了分数阶线性微积分方程，该方程使用了黎曼-刘维尔分数阶导数内插热方程和波动方程；Mathieu 等人用分数阶导数来探测图像边缘；蒲亦非等人设计出了分数阶导数滤波器来检测图像的纹理细节；白建等人推导出了分数阶异性扩散模型，并发现当微分阶次达到 1.2 或 1.8 时得到的效果最好。

但是，上述方法在对图像进行求导的过程中都是对整幅图像进行求导运算，这样一来，一个有趣的问题就产生了：在对整幅图像求导时，我们能否同时运用不同的阶次进行呢？这是一个值得研究的问题。

# 4.2 图像去噪的偏微分方法

## 4.2.1 扩散过程的物理学背景

若介质（如气体、液体或固体）中存在某种杂质，而且杂质的浓度分布不均匀，那么杂质将从浓度较高的区域向浓度较低的区域迁移，在物理学上，这种迁移过程被称为扩散；类似地，当介质中的温度不均匀时，将发生热量从温度较高的区域向温度较低的区域的迁移，这个过程被称为热传导。如果用函数 $u(x,y,z,t)$ 来表示浓度随空间和时间变化的变化，那么我们可以用梯度 $\nabla u$ 来刻画空间分布的不均匀性，从而将杂质在宏观上的定向迁移看成是被梯度差产生的作用力 $-\nabla u$ 推动的，这里的负号表示作用力指向 $u$ 减小的方向。

在这一作用力的推动下，如果介质是各向同性（isotropic）的，那么将会产生流密度，也就是单位时间通过与梯度矢量垂直的单位面积的杂质量

$$f = -a\nabla u \tag{4.4}$$

这里 $a$ 是一个标量，我们称之为传输系数。$a$ 可以是一个常数，这是最简单的情况；$a$ 也可以是依赖于空间位置的标量函数，即 $a(x,y,z)$；更复杂的情况是，$a$ 还依赖于 $u$ 本身，即 $a(x,y,z,u)$。

如果介质不是各向同性的，即流密度的方向并不与梯度的方向一致（晶体中的杂质扩散就可能出现这种情况）。这时，流量密度可表达为

$$f = -\boldsymbol{D}\nabla u \tag{4.5}$$

这里 $\boldsymbol{D}$ 表示 2×2（二维）或 3×3（三维）矩阵。这种介质我们称为各向异性（anisotropic）介质，矩阵 $\boldsymbol{D}$ 称为扩散张量。

现在考察包围某一给定 $p$ 的闭合曲面 $S$（见图 4.1）的总流量。

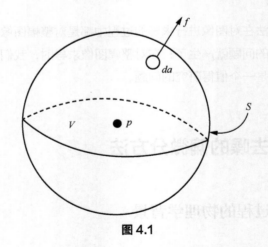

**图 4.1**

通过高斯定理，我们可把式（4.5）改写成

$$F = \iiint_V \mathrm{div}(f)\mathrm{d}v \tag{4.6}$$

这里 $V$ 表示闭合曲面 $S$ 所包围的体积。由此可知，$F$ 的物理意义是通过曲面 $S$ 在单位时间的流出的杂质（或热量）的总量，也就是杂质的损失率。因此有

$$\frac{\partial}{\partial t}\iiint_V u\mathrm{d}v = -\iiint_V \mathrm{div}(f)\mathrm{d}v$$

即

$$\frac{\partial u}{\partial t} = -\mathrm{div}(f) \tag{4.7}$$

对于各向同性介质而言，根据式（4.4）有

$$\frac{\partial u}{\partial t} = -\mathrm{div}(a\nabla u) \tag{4.8}$$

在任意正交坐标系 $(x, y)$ 中，上式可表示为

$$\frac{\partial u}{\partial t} = \frac{\partial}{\partial x}\left(a\frac{\partial u}{\partial x}\right) + \frac{\partial}{\partial y}\left(a\frac{\partial u}{\partial y}\right) \tag{4.9}$$

也就是说，我们可以将流出总量看成两个相互垂直方向上的一维扩散之和，且在两个相互垂直方向上的传导系数相同，故称之为"各向同性扩散"。

如果（4.8）式中的传导系数 $a$ 为常数，则扩散为线性扩散，这是各向同性扩散中最简单的情况；如果 $a$ 是依赖于空间位置 $(x, y)$ 的函数，则（4.8）式称为拟线性扩散方程；如果传导系数 $a$ 还依赖于函数 $u$，那么（4.8）式就称为各向同性的非线性扩散方程。

对于各向异性介质来说，根据（4.5）式，我们有

$$\frac{\partial u}{\partial t} = \mathrm{div}(\boldsymbol{D}\nabla u) \tag{4.10}$$

在图像处理中，作为扩散张量的通常是 2×2 的对称矩阵

$$\boldsymbol{D} = \begin{pmatrix} a & b \\ b & c \end{pmatrix}$$

因此在正交系 $(x, y)$ 中，我们可把（4.10）式表示成

$$\frac{\partial u}{\partial t} = \mathrm{div}(\boldsymbol{D}\nabla u) = \mathrm{div}\left(\begin{bmatrix} au_x + bu_y \\ bu_x + cu_y \end{bmatrix}\right)$$

$$= \frac{\partial}{\partial x}(au_x + bI_y) + \frac{\partial}{\partial y}(bI_x + cI_y)$$

显然，此时它在固定坐标系 $(x,y)$ 中是不能表示成两个一维扩散之和的。不过如果我们利用矩阵 $\boldsymbol{D}$ 的两个本征矢 $(v_1,v_2)$ 构成局部坐标系，那么由矩阵本征分解定理，便能得出

$$\boldsymbol{D} = \mu_1 v_1 v_1^T + \mu_2 v_2 v_2^T$$

于是由

$$\nabla u = \frac{\partial u}{\partial v_1} v_1 + \frac{\partial u}{\partial v_2} v_2$$

根据本征矢 $(v_1,v_2)$ 的正交归一化性质，可得

$$\boldsymbol{D}\nabla u = \left[ \mu_1 v_1 v_1^T + \mu_2 v_1 v_1^T \right] \left( \frac{\partial u}{\partial v_1} v_1 + \frac{\partial u}{\partial v_2} v_2 \right)$$

$$= \mu_1 \frac{\partial u}{\partial v_1} v_1 + \mu_2 \frac{\partial u}{\partial v_2} v_2$$

$$\Rightarrow \mathrm{div}(\boldsymbol{D}\nabla u) = \frac{\partial}{\partial v_1} \left( \mu_1 \frac{\partial u}{\partial v_1} \right) + \frac{\partial}{\partial v_2} \left( \mu_2 \frac{\partial u}{\partial v_2} \right)$$

于是张量扩散方程可改写为

$$\frac{\partial u}{\partial t} = \frac{\partial}{\partial v_1} \left( \mu_1 \frac{\partial u}{\partial v_1} \right) + \frac{\partial}{\partial v_2} \left( \mu_2 \frac{\partial u}{\partial v_2} \right) \tag{4.11}$$

由此可知，张量扩散虽然在此特定的局部坐标系 $(v_1,v_2)$ 中也可以表达为沿 $v_1$ 和 $v_2$ 两个相互正交方向的一维扩散之和，但是这两个方向的传导系数并不相同，这与各向同性扩散方程式（4.9）是有本质上的区别的，因此张量扩散也被称为各向异性扩散。

## 4.2.2 线性扩散与图像线性滤波

在忽略无关紧要的常数 $a$ 的情况下，二维线性扩散方程可表达为

$$\frac{\partial I(x,y,t)}{\partial t} = \mathrm{div}(\nabla I) = \frac{\partial^2 I}{\partial x^2} + \frac{\partial^2 I}{\partial y^2} \tag{4.12}$$

$$I(x,y,0) = I_0(x,y)$$

这里，$I(x,y,t)$ 表示演化中的图像，$I_0(x,y)$ 表示初始图像。

利用傅里叶变换方法，我们可以求得式（4.12）的解

$$I(x,y,t) = I_0(x,y) * G_t(x,y) \tag{4.13}$$

其中

$$G_t(x,y) = \frac{1}{4\pi t}\exp\left(-\frac{x^2+y^2}{4t}\right)$$

表示二维高斯函数，其中心在坐标原点，并且在 $x$ 和 $y$ 方向上的等效宽度均为 $\sigma = \sqrt{2t}$。因此，我们可以发现让图像进行线性扩散的过程，与传统图像处理中对图像使用高斯滤波器进行滤波的过程是等价的。

在数学上，关于由线性扩散方程生成的尺度空间的性质已经有了充分的研究，所以这里我们仅给出如下的主要结论。

（1）线性扩散方程的解对于图像对比变换和欧几里得变换来说，具有不变性。稳态解为

$$\lim_{t\to\infty} I(x,y,t) = \mu \tag{4.14}$$

这里，$\mu$ 是常数，它等于 $I_0(x,y)$ 的平均灰度，表达式为

$$\mu = \frac{\iint_\Omega I_0(x,y)\mathrm{d}x\mathrm{d}y}{\iint_\Omega \mathrm{d}x\mathrm{d}y} \tag{4.15}$$

（2）高斯函数是唯一能满足对称性、归一化并且不增加局部极大值的卷积核。

（3）尺度空间满足极值原理，即

$$\inf_\Omega I_0(x,y) \leqslant I(x,y,t) \leqslant \sup_\Omega I_0(x,y)$$

这里 $\Omega$ 表示图像的定义域。

不难发现，图像会随着尺度参数（扩散时间）的增大而变得越来越模糊，其灰度值最终将变成常数（平均值）。我们举一个图像线性扩散的实例，如图 4.2 所示，最上面的两幅图从左到右分别是原图像和加噪图像，下面的四幅图从（c）到（f）分别是随着扩散时间的增大而输出的对应图像。显然可以发现，高斯滤波在平滑噪声时会让图像模糊。然而，图像的边缘是图像的重要特征，人的视觉对其非常敏感，因此，在图像处理中，图像边缘的模糊化常常不能被人们所接受。

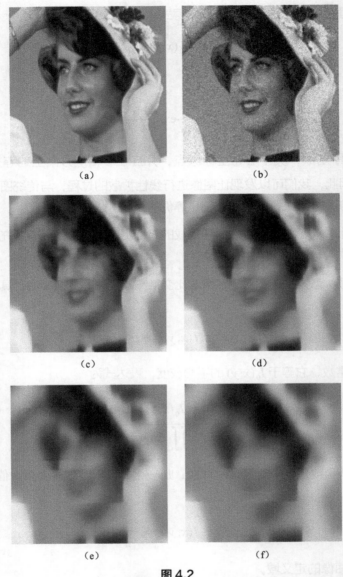

图 4.2

# 4.2.3　图像去噪的 P-M 模型

要取得既去噪又保护图像边缘的良好效果，我们首先会想到修正扩散过程中的传导系数，使它与图像的局部特征建立关系。当图像比较平坦时，传导系数可以适当大一些，因为噪声在平坦区域属于较小的不规则起伏，这样我们可以对其进行平滑处理；当扩散处于图像边缘附近时，传导系数可以小一些，这样就不会影响到图像的边缘。符合这一思路的偏微分方程在 1990 年首次被佩罗娜（Perona）和马利克（Malik）首先提出：

$$\begin{cases} \dfrac{\partial I(x,y,t)}{\partial t} = \mathrm{div}[g(|\nabla I|)\nabla I] \\ I(x,y,0) = I_0(x,y) \end{cases} \tag{4.16}$$

因此，我们称式（4.16）为 P-M 方程。从方程中我们不难看到，传导系数 $g(|\nabla I|)$ 取决于变化中的图像 $I(x,y,t)$，由此可见，该偏微分方程是各向同性非线性扩散的。该方程利用了梯度模值（是一个重要的图像局部特征），这就赋予方程一种内在的机制——将原本各自独立的图像滤波过程与图像边缘检测过程结合起来，正是这种机制才使得 P-M 方程具有比线性滤波更加优良的性能。图 4.3、图 4.4、图 4.5、图 4.6 分别表示对受高斯白噪声影响后的图像经过 5 次演化（迭代）的结果。其中（a）表示原图，（b）表示引入高斯白噪声后的图，（c）~（g）依次表示 5 次演化的图。

（a）

（b）

（c）

（d）

**图 4.3**

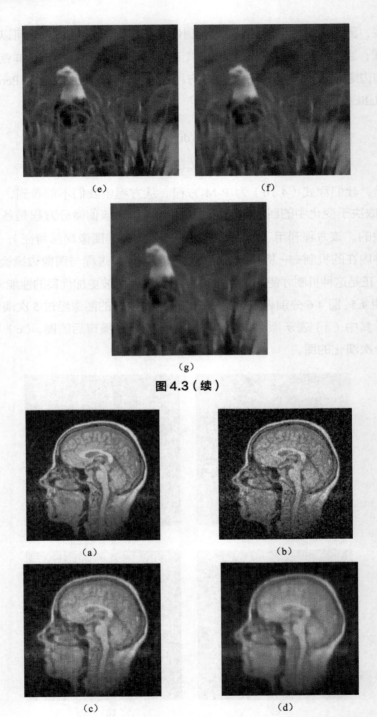

（e）　　　　　　　　　　（f）

（g）

**图 4.3（续）**

（a）　　　　　　　　　　（b）

（c）　　　　　　　　　　（d）

**图 4.4**

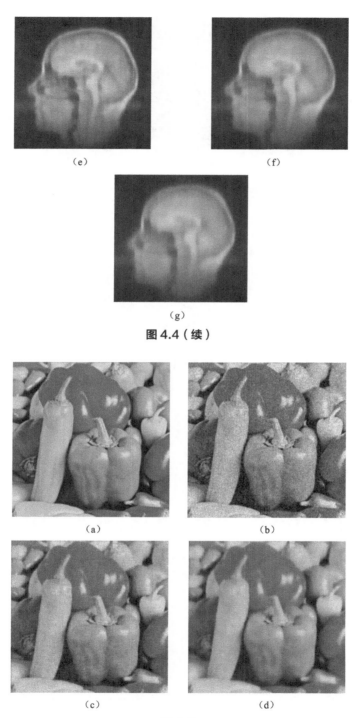

（e） （f）

（g）

图4.4（续）

（a） （b）

（c） （d）

图4.5

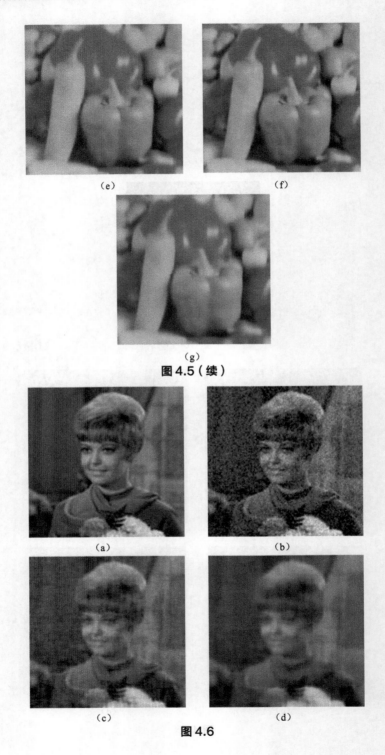

（e）          （f）

（g）

图4.5（续）

（a）          （b）

（c）          （d）

图4.6

（e）

（f）

（g）

**图 4.6（续）**

下面分析 P-M 方程的扩散行为，首先我们来看下一维的情况。P-M 方程在一维的情况下可简化为

$$I_t = \frac{\partial}{\partial x}[g(|I_x|)I_x] = g'\frac{I_x I_{xx}}{\sqrt{I_x^2}}I_x + g(|I_x|)I_{xx} \tag{4.17}$$
$$= [g'(|I_x|) + g(|I_x|)]I_{xx} = \phi'(|I_x|)I_{xx}$$

式中

$$\phi(r) = rg(r) \tag{4.18}$$

称为影响函数。

当函数 $g$ 取

$$g(r) = \frac{1}{1+\left(\dfrac{r}{K}\right)^p}, \quad p = 1,2 \tag{4.19}$$

则有

$$\phi(r) = \frac{r}{1 + \left(\dfrac{r}{K}\right)^p}, \quad \phi'(r) = \frac{1 - (p-1)\left(\dfrac{r}{K}\right)^p}{\left[1 + \left(\dfrac{r}{K}\right)^p\right]^2}$$

所以，在图像的平坦区域，$|\nabla I| < K$，此时式（4.17）为正向扩散；在图像边缘附近，$|\nabla I| > K$，此时式（4.17）为反向扩散。在物理中，反向扩散表现为杂质从浓度低的地方流向浓度高的地方；在图像处理中，反向扩散表现为边缘锐化的现象。由此可知，P-M 方程的扩散行为跟它所采用的边缘函数的性质有十分密切的关系。

对于二维的情况，首先引入局部坐标系 $(\eta, \xi)$，这里 $\eta$ 表示平行于图像梯度矢量 $\nabla I$ 的单位矢量，即

$$\eta = \frac{\nabla I}{|\nabla I|} = (\cos\theta, \sin\theta) \tag{4.20}$$

$\xi$ 表示图像水平线集的单位切矢量，图像水平线集在特定情况下也称为等照度线。矢量 $\xi$ 可表示为

$$\xi = (-\sin\theta, \cos\theta) \tag{4.21}$$

如图 4.7 所示，$\eta$ 与 $\xi$ 可构成一个活动的正交坐标系。

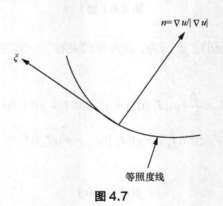

图 4.7

在这一局部坐标系中，有

$$\frac{\partial I}{\partial \xi} = 0, \quad \frac{\partial I}{\partial \eta} \geq 0$$

故有

$$|\nabla I| = \sqrt{\left(\frac{\partial I}{\partial \eta}\right)^2} = \frac{\partial I}{\partial \eta}$$

从而有

$$\frac{\partial |\nabla I|}{\partial \eta} = \frac{\partial^2 I}{\partial \eta^2} \qquad (4.22)$$

这样一来，P-M 方程可改写为

$$
\begin{aligned}
\frac{\partial I}{\partial t} &= \frac{\partial}{\partial \xi}\left[ g(|\nabla I|)\frac{\partial I}{\partial \xi} \right] + \frac{\partial}{\partial \eta}\left[ g(|\nabla I|)\frac{\partial I}{\partial \eta} \right] \\
&= g(|\nabla I|)\frac{\partial^2 I}{\partial \xi^2} + g'(|\nabla I|)\frac{\partial |\nabla I|}{\partial \xi}\frac{\partial I}{\partial \xi} \\
&\quad + g(|\nabla I|)\frac{\partial^2 I}{\partial \eta^2} + g'(|\nabla I|)\frac{\partial |\nabla I|}{\partial \eta}\frac{\partial I}{\partial \eta} \\
&= g(|\nabla I|)I_{\xi\xi} + [g(|\nabla I|) + g'(|\nabla I|)|\nabla I|]I_{\eta\eta} \\
&= g(|\nabla I|)I_{\xi\xi} + \phi'(|\nabla I|)I_{\eta\eta}
\end{aligned}
\qquad (4.23)
$$

由此可知，扩散在沿平行于等照度线的 $\xi$ 方向进行时总是正向（因为函数 $g$ 的值大于 $0$）的，只是在图像边缘附近时，$|\nabla I|$ 比较大，会使得 $g(|\nabla I|)$ 下降到几乎等于零，这时扩散几乎被"停止"。但扩散沿等照线的法方向 $\eta$ 方向进行时，可能会是正向的（当 $\phi'(\nabla I) > 0$），也可能会是反向的（当 $\phi'(\nabla I) < 0$）。故选用合适的边缘函数 $g$，P-M 方程有可能会"自适应"地既实现图像平滑又实现边缘增强的效果。

P-M 方程的出现，为偏微分方程方法在图像处理中的应用的发展起到了重要的推动作用，同时也激发大量对此类非线性扩散方程理论和数值方法的研究。

# 4.3　分数变阶微分的概念

常用的向量函数或矩阵函数的微分称为整数阶微分。

假设 $\vec{d}(t) = \left(d_1(t), d_2(t), \cdots, d_n(t)\right)^T$ 是一个 $n \times 1$ 的向量函数，$U(x, y) = \left(u_{ij}(x, y)\right)_{n \times m}$ 是一个 $n \times m$ 的函数矩阵，$D_\alpha$ 是 $\alpha$（$\alpha \in \mathbf{R}^+$）阶分数阶微分算子，那么可以得到下面的结果：

$$\vec{f}^{(\alpha)}(t) = (f_1^{(\alpha)}(t), f_2^{(\alpha)}(t), \cdots, f_n^{(\alpha)}(t))^T \qquad (4.24)$$

$$D_\alpha u(x, y) = \begin{pmatrix} D_\alpha u_{11}(x, y) & D_\alpha u_{12}(x, y) & \cdots & D_\alpha u_{1m}(x, y) \\ D_\alpha u_{21}(x, y) & D_\alpha u_{22}(x, y) & \cdots & D_\alpha u_{2m}(x, y) \\ \vdots & \vdots & \ddots & \vdots \\ D_\alpha u_{n1}(x, y) & D_\alpha u_{n2}(x, y) & \cdots & D_\alpha u_{nm}(x, y) \end{pmatrix} \qquad (4.25)$$

之前基于微分的图像处理方法都是阶次固定的微分方法，即对整幅图像做相同阶次的微分。根据分数阶微分在图像处理中应用的知识，我们知道用不同阶次的微分处理图像会产生不同的效果，因此我们提出如下的分数变阶微分的概念，即在对图像进行微分处理时，图像不同部分的微分阶次是可变化的。

**定义 4-1** 假设 $\vec{f}(t) = \left(f_1(t), f_2(t), \cdots, f_n(t)\right)^T$ 是一个 $n \times 1$ 向量函数，$A = (a_{ij})_{n \times m}$ 是一个 $n \times m$ 的矩阵，$U(x, y) = \left(u_{ij}(x, y)\right)_{n \times m}$ 是一个 $n \times m$ 的函数矩阵。令 $D_\alpha$ 表示 $\alpha$ （$\alpha \in \mathbf{R}^+$）阶微分算子，那么我们定义：

$$\vec{f}^{(A)}(t) = \begin{pmatrix} f_1^{(\alpha_{11})}(t) & f_1^{(\alpha_{12})}(t) & \cdots & f_1^{(\alpha_{1m})}(t) \\ f_1^{(\alpha_{21})}(t) & f_1^{(\alpha_{22})}(t) & \cdots & f_1^{(\alpha_{2m})}(t) \\ \vdots & \vdots & \ddots & \vdots \\ f_1^{(\alpha_{n1})}(t) & f_1^{(\alpha_{n2})}(t) & \cdots & f_1^{(\alpha_{nm})}(t) \end{pmatrix}$$

$$D_A = \begin{pmatrix} D_{\alpha_{11}} & D_{\alpha_{12}} & \cdots & D_{\alpha_{1m}} \\ D_{\alpha_{21}} & D_{\alpha_{22}} & \cdots & D_{\alpha_{2m}} \\ \vdots & \vdots & \ddots & \vdots \\ D_{\alpha_{n1}} & D_{\alpha_{n2}} & \cdots & D_{\alpha_{nm}} \end{pmatrix}$$

$$D_A u(x, y) = \begin{pmatrix} D_{\alpha_{11}} u_{11}(x, y) & D_{\alpha_{12}} u_{12}(x, y) & \cdots & D_{\alpha_{1m}} u_{1m}(x, y) \\ D_{\alpha_{21}} u_{21}(x, y) & D_{\alpha_{22}} u_{22}(x, y) & \cdots & D_{\alpha_{2m}} u_{2m}(x, y) \\ \vdots & \vdots & \ddots & \vdots \\ D_{\alpha_{n1}} u_{n1}(x, y) & D_{\alpha_{n2}} u_{n2}(x, y) & \cdots & D_{\alpha_{nm}} u_{nm}(x, y) \end{pmatrix} \tag{4.26}$$

这里我们称 $D_A$ 为分数变阶微分算子。

因此，我们定义频域的分数变阶微分为

$$D_{\vec{\alpha}} f(t) \leftrightarrow (j\vec{\omega})^{\vec{\alpha}} \hat{f}(\vec{\omega}) \tag{4.27}$$

这里 $\vec{\alpha}$ 是一个适当的向量。显然，分数变阶微分算子保持着半群性质，即

$$(D_{\vec{\alpha}})(D_{\vec{\beta}}) f = (D_{\vec{\beta}})(D_{\vec{\alpha}}) f = (D_{\vec{\alpha}+\vec{\beta}}) f \tag{4.28}$$

其中向量 $\vec{\alpha}$、$\vec{\beta}$ 具有相同的维数。

对于二维的 $g(x, y)$，其二维傅里叶变换是

$$\hat{g}(\omega_1, \omega_2) = \int g(x, y) \exp(-j(\omega_1 x + \omega_2 y)) dx dy \tag{4.29}$$

因此，对应的分数变阶偏微分为

$$D_{Ax} g = F^{-1}((j\omega_1)^A \hat{g}(\omega_1, \omega_2)) \tag{4.30}$$

和

$$D_{Ax}g = F^{-1}((j\omega_2)^A \hat{g}(\omega_1, \omega_2))$$  （4.31）

这里 $A$ 是一个 $n \times m$ 的矩阵，$F^{-1}$ 是二维傅里叶变换逆算子。

# **4.4** 基于分数变阶微分的去噪模型

在这一节，我们不仅要提出基于分数变阶微分的去噪模型，而且要对模型进行细致的分析。

## **4.4.1** 模型的提出

采用局部加权平均的平滑滤波是一种有效的图像正则化方法，该方法广泛应用于图像去噪、复原和增强。但是该方法的缺陷是会破环图像，比如对图像的边缘、纹路和纹理特征等造成破坏。为了避免这种破环，平滑滤波过程中必须自适应地控制大小和方向。一个自适应平滑的经典例子就是佩罗娜和马利克的异性扩散方案，该方案通过一个 PDE 来控制平滑过程。令 $t$ 表示时间，$c(\cdot)$ 表示扩散系数，异性扩散方程可表示为

$$\frac{\partial u}{\partial t} = \text{div}(c(|\nabla u|^2)\nabla u)$$  （4.32）

这个方程和下面的能量函数有紧密联系：

$$E(u) = \int_{\Omega} f(|\nabla u|)d\Omega$$  （4.33）

这里 $\Omega$ 表示图像的支撑区域，$f(\cdot) \geq 0$ 是一个与扩散系数

$$c(s) = \frac{f'(\sqrt{s})}{\sqrt{s}}$$  （4.34）

相关的递增函数。

异性扩散可以看成是能量耗散的过程，目的是寻找能量函数的最小值。我们考虑定义一个在支撑区域 $\Omega$ 的连续图像空间的函数，其方程和下面的能量函数有关：

$$E(u) = \int_{\Omega} f(|\,\mathrm{D}_A u\,|)\mathrm{d}\Omega \tag{4.35}$$

这里 $A = \alpha(|\nabla u|)$，$\alpha(\cdot)$ 是一个增函数且满足条件

$$\alpha(x) \rightarrow \begin{cases} 1, & x \rightarrow 0 \\ 2, & x \rightarrow \infty \end{cases}$$

$\mathrm{D}_A$ 表示分数变阶微分算子且有 $\mathrm{D}_A u = (\mathrm{D}_{Ax}u,\ \mathrm{D}_{Ay}u)$ 和 $|\,\mathrm{D}_A u\,| = \sqrt{\mathrm{D}_{Ax}^2 + \mathrm{D}_{Ay}^2}$。为了解决最小化问题，我们可以计算其欧拉-拉格朗日方程，过程如下。

取任意的测试函数 $\eta \in C^{\infty}(\Omega)$，并令

$$\Phi(\alpha) = \int_{\Omega} f(|\,\mathrm{D}_A u + \alpha \mathrm{D}_A \eta\,|)\mathrm{d}x\mathrm{d}y. \tag{4.36}$$

把 $a$ 看作变量并在函数在 $a = 0$ 处的导数值有

$$\begin{aligned} \Phi'(0) &= \frac{\mathrm{d}}{\mathrm{d}\alpha}\int_{\Omega} f(|\,\mathrm{D}_A u + \alpha \mathrm{D}_A \eta\,|)\,\mathrm{d}x\mathrm{d}y\big|_{\alpha=0} \\ &= \int_{\Omega}\left(f'(|\,\mathrm{D}_A u\,|)\frac{\mathrm{D}_{Ax}u}{|\,\mathrm{D}_A u\,|}\mathrm{D}_{Ax}\eta + f'(|\,\mathrm{D}_A u\,|)\frac{\mathrm{D}_{Ay}u}{|\,\mathrm{D}_A u\,|}\mathrm{D}_{Ay}\eta\right)\mathrm{d}x\mathrm{d}y \\ &= \int_{\Omega}\left(\mathrm{D}_{Ax}^*(c(|\,\mathrm{D}_A u\,|^2)\mathrm{D}_{Ax}u) + \mathrm{D}_{Ay}^*(c(|\,\mathrm{D}_A u\,|^2)\mathrm{D}_{Ay}u)\right)\eta\,\mathrm{d}x\mathrm{d}y \end{aligned}$$

这里 $\mathrm{D}_{Ax}^*$ 是 $\mathrm{D}_{Ax}$ 的伴随算子，$\mathrm{D}_{Ay}^*$ 是 $\mathrm{D}_{Ay}$ 的伴随算子。因此，欧拉-拉格朗日方程是

$$\mathrm{D}_{Ax}^*(c(|\,\mathrm{D}_A u\,|^2)\mathrm{D}_{Ax}u) + \mathrm{D}_{Ay}^*(c(|\,\mathrm{D}_A u\,|^2)\mathrm{D}_{Ay}u) = 0 \tag{4.37}$$

根据数学理论，该欧拉-拉格朗日方程可以通过梯度下降法来求解：

$$\frac{\partial u}{\partial t} = -\mathrm{D}_{Ax}^*(c(|\,\mathrm{D}_A u\,|^2)\mathrm{D}_{Ax}u) - \mathrm{D}_{Ay}^*(c(|\,\mathrm{D}_A u\,|^2)\mathrm{D}_{Ay}u) \tag{4.38}$$

这里我们把观测图像作为初始条件。理论上当 $t \rightarrow \infty$ 时，便可得到方程的最优解。但实际应用当中，或许会有提前达到去噪和边缘保持折中的效果的最优情况。

## 4.4.2 模型的分析

对任意函数 $f(t) \in L^2(R)$，其傅里叶变换为

$$\hat{f}(\omega) = \int_R f(t)\exp(-\mathrm{j}\omega t)\mathrm{d}t \tag{4.39}$$

而其频域的 $k$（$k \in \mathbf{Z}^+$）阶导数形式是

$$(\mathrm{D}_k \hat{f})(\omega) = (\mathrm{j}\omega)^k \hat{f}(\omega) = \hat{d}_k(\omega)\hat{f}(\omega). \tag{4.40}$$

类似地，其频域的 $\alpha$（$\alpha \in \mathbf{R}^+$）阶导数形式是

$$(\mathrm{D}_\alpha f)(\omega) = (\mathrm{j}\omega)^\alpha \hat{f}(\omega) = \hat{d}_\alpha(\omega)\hat{f}(\omega), \tag{4.41}$$

这里我们称 $\hat{d}_\alpha(\omega) = (\mathrm{j}\omega)^\alpha$ 为 $\alpha$ 阶微分乘子函数。它的复指数形式为

$$\begin{cases} \hat{d}_\alpha(\omega) = \hat{a}_\alpha(\omega)\exp(\mathrm{j}\theta_\alpha(\omega)) \\ \hat{a}_\alpha(\omega) = \mid \omega \mid^\alpha, \theta_\alpha(\omega) = \dfrac{\alpha\pi}{2}\mathrm{sgn}(\omega). \end{cases} \tag{4.42}$$

从（4.42）式我们可以获得分数阶微分的幅频曲线，如图 4.8 所示。

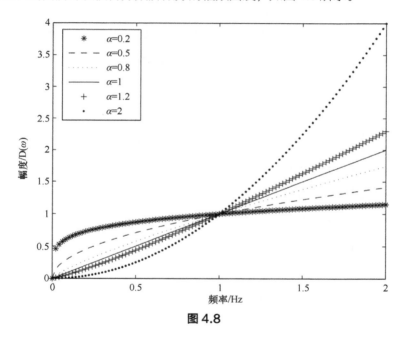

**图 4.8**

从图 4.8 中我们可以看出，分数阶微分具有提高信号高频成分同时非线性地保持信号低频成分的作用。

考虑到分数阶微分对信号的这一特征，我们提出了分数变阶微分模型。在过去，处理一幅图像不同部分时用到的微分阶次都是相同的，而在分数变阶微分模型中，处理一幅图像不同部分的微分阶次是不同的，其阶次由图像梯度的模值大小来决定。比如，当像素点位于图像的平滑区域时，图像的梯度非常小，这时我们就让微分阶次 $\alpha$ 趋于 1 来对该区域进行微分处理，这样有利于去除噪声并且抑制阶梯效应。当像素点位于图像的边缘区域时，图像的梯度非常大，这时微分阶次 $\alpha$ 应该选择稍微

大一点的值，这样有利于保留图像的纹理细节。

不难发现，在提出的欧拉-拉格朗日方程中，当 $A = 1_E$（矩阵的每个元素都是 1）时，式（4.38）就变成了式（4.32）；当 $A = 2 \cdot 1_E$ 时，式（4.38）等价于四阶异性扩散方程。

# 4.5 数值实现和仿真结果

在本节中，我们通过数值实现和仿真结果来证明我们提出的图像去噪模型的有效性。为了分析模型的性能，我们与性能较优的分数阶异性扩散模型做对比。图像去噪后的量化结果用峰值信噪比（peak signal-to-noise ratio，PSNR）来表示，

$$PSNR = 10 \times \log_{10} \left( \frac{255^2}{MSE} \right)$$

这里 $MSE = \frac{\| u - u_0 \|_2^2}{M \times N}$ 表示均方误差，$u_0$ 是原始图像，$u$ 是去噪后的图像，$PSNR$ 的单位是 dB。$PSNR$ 的值越大，说明去噪的效果越好。我们分别用 256×256 的人物图像和蔬菜灰度图像来作为测试图像。

去噪的主要步骤如下。

① 把 $u$ 当成输入图像，令 $n = 1$，$u_n = u$，$t = k\Delta t$，计算 $u_n$ 的二维离散傅里叶变换 $\hat{u}_n$。

② 计算 $|\nabla u_n|$，$A = 2 \cdot \dfrac{|\nabla u_n| + 1}{|\nabla u_n| + 2}$。

③ 计算 $A$ 阶偏微分

$$\tilde{D}_{Ax} u_n = F^{-1}[(1 - \exp(-j2\pi\omega_1 / m))^A \exp(j\pi A\omega_1 / m) F(u_n)]$$

和

$$\tilde{D}_{Ay} u_n = F^{-1}[(1 - \exp(-j2\pi\omega_2 / m))^A \exp(j\pi A\omega_2 / m) F(u_n)],$$

计算 $K_1^* = \text{diag}(\text{conj}((1 - \exp(-j2\pi\omega_1 / m))^A \exp(j\pi A\omega_1 / m)))$，以及 $K_2^* = \text{diag}(\text{conj}((1 - \exp(-j2\pi\omega_2 / m))^A \exp(j\pi A\omega_2 / m)))$。

④ 计算 $h_{xn} = c\left( \left| \tilde{D}_A u_n \right|^2 \right) \tilde{D}_{Ax} u_n$ 和 $h_{yn} = c\left( \left| \tilde{D}_A u_n \right|^2 \right) \tilde{D}_{Ay} u_n$，然后计算 $\hat{g}_n = K_1^*$。

$F(h_x n) + K_2^* \circ F(h_y n)$ 。

⑤ 计算 $\hat{u}_{n+1} = \hat{u}_n - \hat{g}_n \cdot \Delta t$ 且令 $n = n+1$ ；如果 $n = k$ ，那么计算 $\hat{u}_n$ 的二维逆离散傅里叶变换后结束，否则转到第②步。

在实验中，我们选取 $\Delta t = 0.05$ ， $k = 55$ ，以及下面的函数

$$c(s) = \frac{1}{1 + (s/b)^2}$$

其中选取 $b = 10$ 。

图 4.9、图 4.10 分别展示了人物图像和蔬菜图像在不同阶次 $\alpha$ 下的分数阶异性扩散模型的去噪效果。从图中可知当 $\alpha = 1.2$ 时，对应图像的峰值信噪比达到最大。

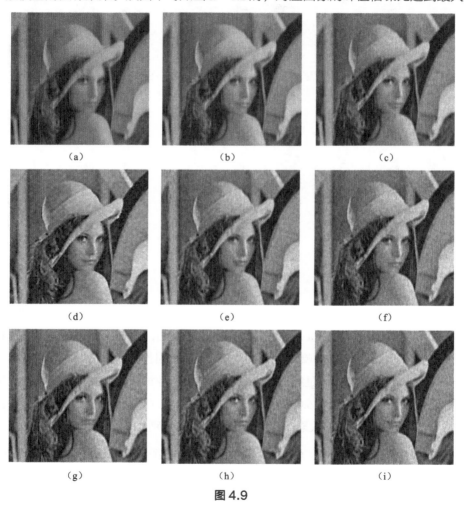

图 4.9

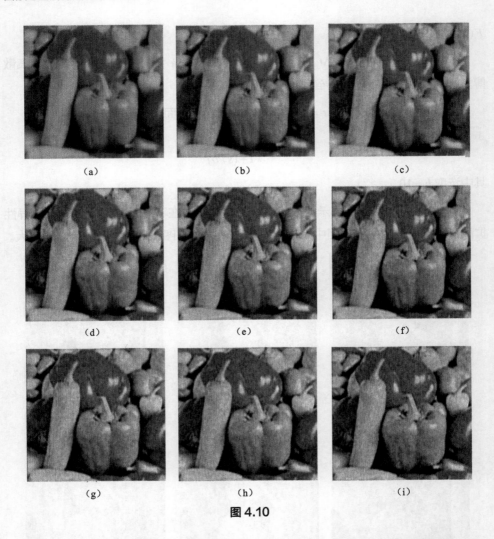

（a） （b） （c）

（d） （e） （f）

（g） （h） （i）

**图 4.10**

　　图 4.11 和图 4.12 展示了分别用分数变阶微分模型和分数阶异性扩散模型对两图的去噪效果。其中图 4.11（a）和图 4.12（a）是原始图；图 4.11（b）和图 4.12（b）是加噪图（$\sigma=25$ 的高斯白噪声），其对应的峰值信噪比分别是 20.1500 和 20.1349；图 4.11（c）和图 4.12（c）是经过 $\alpha=1.2$ 的分数阶异性扩散模型去噪处理后的效果，它们的峰值信噪比分别是 26.4880 和 26.5872；图 4.11（d）和图 4.12（d）是经过我们提出的模型去噪处理的效果，得到的峰值信噪比分别是 27.4646 和 28.0319。

　　图 4.13 和图 4.14 展示了分别用分数变阶微分模型和分数阶异性扩散模型对电子散斑图和牛顿环图的去噪效果。

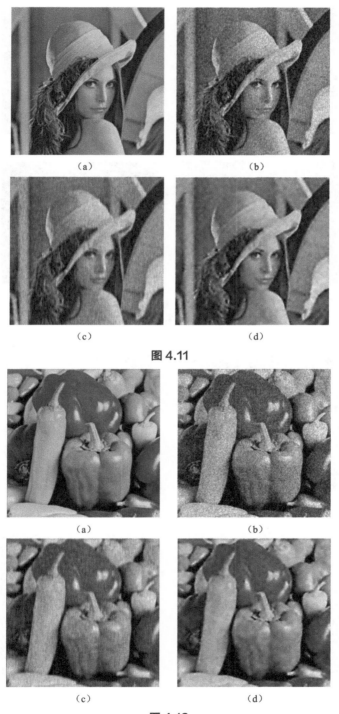

图 4.11

图 4.12

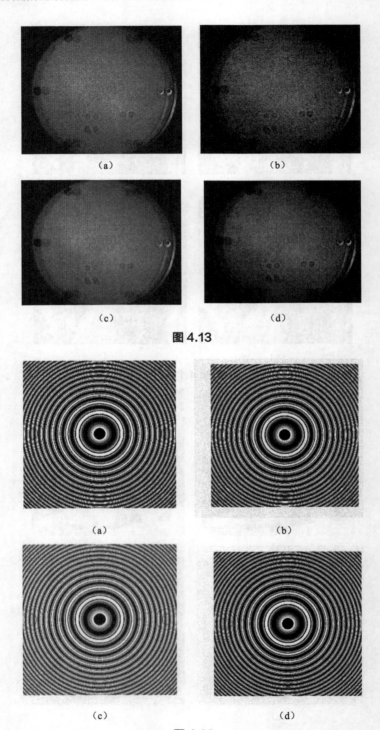

（a）　　　　　　　（b）

（c）　　　　　　　（d）

图 4.13

（a）　　　　　　　（b）

（c）　　　　　　　（d）

图 4.14

　　根据图 4.9～图 4.14 的结果不难发现，无论从视觉效果看还是从峰值信噪比判断，我们提出的分数变阶微分模型的去噪效果都比分数阶异性扩散模型好。

　　图4.15列出了用我们的方法去噪后再进行相位提取得展开相位图以及对应的误差分析，其中图 4.15（a）的最大绝对误差为 1.1733，图 4.15（b）的最大绝对误差为 0.1008. 这也进一步验证了我们提出方法的有效性。

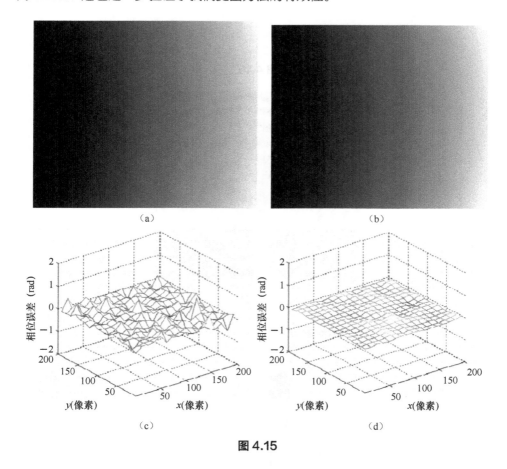

**图 4.15**

　　为了进一步验证我们提出方法的有效性，我们利用我们的方法对牛顿环去噪后进行了牛顿环圆心的测量，去噪结果如图 4.16 所示，正确的圆心坐标是（128，128），当加了噪声信噪比是−10dB 时，测量的圆心坐标为（46，46），而利用我们的提出的去噪方法去噪后测量的圆心坐标为（123，123）。显然我们的去噪方法使得对牛顿环的圆心测量精度有很大提高，这可以很好的应用于光纤连接器端面的测量，如图 4.17 和图 4.18 所示。

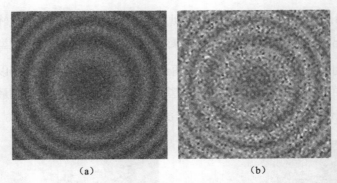

（a）　　　　　　　　（b）

图 4.16

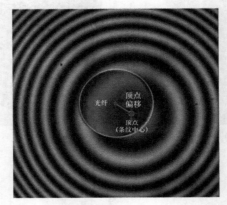

图 4.17

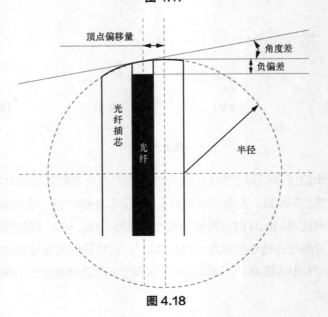

图 4.18

# 4.6 本章小结

本章我们首次提出分数变阶微分的概念，打破了传统的整数阶微分思想，实现了对函数矩阵中不同元素函数进行不同阶次的微分。在此基础上建立了基于分数变阶微分的图像去噪模型。该模型根据图像的不同特征自适应地选取微分阶次进行图像处理，能有效地避免阶梯效应和参数选取困难等问题。

这种图像去噪方法是一种新的自适应图像处理方法，容易实现，仿真实验结果也证明了该方法在去除噪声的同时能够保留边缘和纹理的细节。

# 图像复原的分数阶偏微分方法

第5章

本章我们将分数阶微积分理论引入图像复原中，在上一章的基础上提出分数变阶偏微分图像复原模型。该模型同时结合了分数变阶微分和全变分的思想，克服了全变分图像复原方法对局部图像细节过平滑的缺点，可以在有效去模糊的同时锐化图像的边缘、保留图像的纹理细节。本章最后介绍如何用仿真实验证明这个模型的有效性。

# 5.1 问题的描述

图像的质量可能会在图像的形成、传输和存储过程中退化（degradation），例如，拍摄对象的运动、成像系统的缺陷、记录设备固有的噪声和外部干扰等，都会使图像的质量退化。假定成像系统是线性平移不变的，那么描述退化的图像可用下面的数学模型：

$$u_0 = h_d(x, y) * f(x, y) + n \qquad (5.1)$$

这里 $f(x, y)$ 表示理想的图像，$h_d(x, y)$ 为成像系统的点弥散函数（point-spread function，PSF）。理想的成像系统的 PSF 为 $\delta()$ 函数，但由于各种原因，实际的成像系统的 PSF 是偏离 $\delta()$ 函数的。不过，从原则上来说，我们是可以通过对成像系统的理论分析或实验测量来估计系统的 PSF。例如，散焦可以形成模糊，对应的 PSF 可近似为

$$h_d(x, y) = \exp\{-(x^2 + y^2) / (2\delta^2)\} \qquad (5.2)$$

大气湍流的影响可模型化为

$$H_d(u, v) = \exp\{-k(u^2 + v^2)^{5/6}\} \qquad (5.3)$$

式中 $H_d(u, v)$ 表示 $h_d(x, y)$ 的傅里叶变换，它是成像系统的传输函数。我们可以发现（5.3）式中的指数为 $5/6 \approx 1$，因此该表达式和高斯函数仅稍有偏离。再看运动模糊，当物体进行常速直线运动时，有

$$H_d(u, v) = T \frac{\sin[\pi(au + bv)]}{\pi(au + bv)} \exp\{-j\pi(au + bv)\} \qquad (5.4)$$

这里 $T$ 表示快门时间，$a$ 和 $b$ 分别表示物体运动速度的 $x$ 分量和 $y$ 分量。关于估计系统的 PSF 的更多讨论，请参阅相关文献。下面我们将假定函数 $h_d$ 是已知的。

我们用 $n$ 来表示图像的加性噪声，这里假定它是均值为零、方差为 $\sigma$ 的高斯白噪声模型。

利用已经记录的退化图像 $u_0$ 与关于退化系统的先验知识来恢复式（5.1）中的理想图像 $f(x, y)$ 的原貌的问题就是图像复原（image restoration）问题，它是图像处理中的经典问题之一。

本章主要介绍如何设计图像复原的新模型，使得恢复出来的图像尽可能地保留

理想图像的边缘、纹理和细节。

## 5.2　传统的图像复原方法

传统的图像复原方法多数建立在如图 5.1 所示的线性系统的基础之上。在忽略图像中的微弱噪声的情况下，根据卷积定理，由退化模型式（5.1）可得

$$U_0(u,v) = F(u,v)H_d(u,v) \tag{5.5}$$

从而有

$$F(u,v) = U_0(u,v)\frac{1}{H_d(u,v)} \tag{5.6}$$

也就是说，只要令退化图像 $u_0(x,y)$ 通过一个传输函数为

$$H_0(u,v) = 1/H_d(u,v) \tag{5.7}$$

的线性逆滤波器便可复原图像 $f(x,y)$。这种方法通常称为"去卷积"或"逆滤波"。该方法看起来简单易行，但没有实际意义。主要原因是由式（5.7）定义的逆滤波器可能不存在（因为 $H_d$ 在某些高频率下可能为零），而且即便这样的逆滤波器存在，也会因为 $H_d$ 的低通性质，导致 $|H_0(u,v)|$ 在高频区取值很大，这样会放大原本可忽略的微弱噪声。

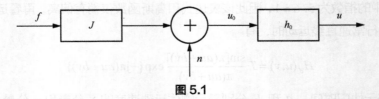

**图 5.1**

维纳（Wiener）去卷积滤波理论的出发点是使输出图像 $u(x,y)$ 与理想图像 $f(x,y)$ 的均方误差达到最小，也就是最小化泛函：

$$E\{h\} = E\{(f-u)^2\} = E\{(f-h*u_0)^2\} = E\{(f-h*(J*f+n))^2\} \tag{5.8}$$

其中，$E\{\}$ 表示数学期望。假如 $f$ 和 $n$ 均为平稳随机过程，且其中之一的均值为零，那么我们可得上式的解为

$$h_0*(h_d*\overline{h}_d*R_f+R_n) = \overline{h}_d*R_f$$

式中 $R_f$ 和 $R_n$ 分别表示理想图像 $f$ 和噪声 $n$ 的自相关函数。利用傅里叶变换，可得

$$H_0(u,v) = \frac{\bar{H}_d(u,v)P_f(u,v)}{|H_d(u,v)|^2 P_f(u,v) + N(u,v)}$$

$$= \frac{1}{H_d(u,v)} \cdot \frac{|H_d(u,v)|^2}{|H_d(u,v)|^2 + N(u,v)/P_f(u,v)}$$

（5.9）

这里 $P_f(u,v)$ 和 $N(u,v)$ 分别表示 $f$ 和 $n$ 的功率谱。对于白噪声而言，$N(u,v)$ 是常数。但一般情况下，我们没有关于 $P_f(u,v)$ 的先验知识。因此在具体设计时，我们还必须作进一步的假定。通过（5.9）式不难发现，我们可将维纳去卷积滤波器 $H_0(u,v)$ 看成是逆滤波器和维纳滤波器的级联，这里维纳滤波器的传输函数为

$$Q_2(u,v) = \frac{|H_d(u,v)|^2}{|H_d(u,v)|^2 + N(u,v)/P_f(u,v)}.$$

（5.10）

图像复原的另一个重要的经典方法是有约束的最小二乘法。它的出发点是使输出图像 $u$ 在满足

$$\iint_\Omega |h_d \cdot u - u_0|^2 \, \mathrm{d}x\mathrm{d}y = \sigma^2 = const$$

（5.11）

的约束条件下，尽可能地光滑。若我们用 $\iint_\Omega |\nabla u|^2 \, \mathrm{d}x\mathrm{d}y$ 作为图像光滑性的测度，那么这样就构成了一个如下泛函的变分问题：

$$E(u) = \iint_\Omega |\nabla u|^2 \, \mathrm{d}\Omega + \lambda \iint_\Omega |h_d \cdot u - u_0|^2 \, \mathrm{d}\Omega$$

（5.12）

这里 $\lambda$ 表示拉格朗日乘子。不难得到最小化式（5.12）的欧拉-拉格朗日方程是

$$\mu \Delta u + \bar{h}_d(h_d \cdot u - u_0) = 0$$

（5.13）

式中 $\mu = 1/\lambda$。对上式两边作傅里叶变换，得

$$\mu(\omega_x^2 + \omega_y^2)\hat{u} + |H_d|^2 \hat{u} - \hat{J}\hat{u}_0 = 0 \Rightarrow \hat{u} = \frac{\hat{J}\hat{u}_0}{\mu(\omega_x^2 + \omega_y^2) + |H_d|^2}$$

可见，有约束的最小二乘法复原方法也对应线性滤波器

$$H_0(u,v) = \frac{\bar{J}(u,v)}{|H_d(u,v)|^2 + \mu(u^2 + v^2)} = \frac{1}{H_d(u,v)} \frac{|H_d(u,v)|^2}{|H_d(u,v)|^2 + \mu(u^2 + v^2)}$$

（5.14）

它也可以看成逆滤波器与另一个滤波器的级联。与维纳去卷积滤波器的区别是，在没有关于"理想图像"功率谱的先验知识的情况下，我们仍可完成滤波器的设计。大量的实验表明，如果参数 $\mu$ 选取合适，那么有约束最小二乘法复原方法的性能稍优于维纳去卷积滤波器。

图像复原的其他传统方法，大多是关于以上方法的变异，这里我们不再一一介

绍了。总体上来说，传统的图像复原方法取得的效果还不能令人满意。尤其是在噪声较强的情况下，输出图像 $u$ 中要么会出现"振铃"现象，要么会明显地出现残留噪声和模糊的现象。

# 5.3　图像复原的分数变阶偏微分模型

图像具有固有的特征，即存在突变（边缘），如果我们采用 $\int |\nabla u|^2$ 作为图像平滑性的度量，那么它将特别强调对大的梯度的"惩罚"，这与图像的固有特征是不相容的。正是考虑到这一点，Rudin、Osher 和 Fatime 首先提出了用 $\int |\nabla u|$ 来作为图像平滑性的度量，进而开创了一种全新的图像复原方法——全变分（total variation，TV）图像复原方法。而本书提出以 $\int |\nabla u|^\alpha$ 作为图像平滑性的度量，结合分数阶偏微分和全变分的知识建立新的图像复原模型。

## 5.3.1　变分有界函数空间与全变分范数

变分有界函数空间定义为

$$BV(\Omega) = u, \quad \int_{\Omega} |Du| \, d\Omega < \infty \qquad (5.15)$$

这里，$Du$ 表示在分布意义上的 $u$ 的导数。对于一维而言，有界变分函数的全变分定义如下

$$TV(u) = \int_{\Omega} |Du| \, dx \qquad (5.16)$$

也可简写为

$$TV(u) = \int_{\Omega} |u_x| \, dx \qquad (5.17)$$

这里的 $u_x$ 是按有限差商

$$\frac{u(x+h) - u(x)}{h}$$

来解释的。我们把以上定义直接推广到二维或更高维，有

$$TV(u) = \int_\Omega |\nabla u|\, d\Omega \qquad (5.18)$$

根据一维全变分定义的式（5.17）我们可得出 $TV(u)$ 的一个重要性质：如果 $u \in BV([a,b])$，并且在 $[a,b]$ 内是单调的，$u(a)=\alpha, u(b)=\beta$，那么无论函数 $u$ 的具体形式如何，总有

$$TV(u) = |\alpha - \beta| \qquad (5.19)$$

根据式（5.17），假定 $u$ 在边界点 $a$ 和 $b$ 可导，便可得到这个性质。图 5.2 中给出了光滑性差异很大的三条函数曲线，但根据上式，它们的全变分却是相同。这就意味着，如果采用全变分 $TV(u)$ 作为函数 $u$ 的"平滑性"的量度，那么这三条曲线是同样"平滑"的。因此，减小 $u$ 的全变分 $TV(u)$，并不是一定要求 $u$ 中不存在"跳变"。故图像的边缘（跳变）在最小化全变分的过程中被保存下来是有可能实现的。可是如果我们采用 $\int |\nabla u|^2$ 作为图像"平滑性"的量度，那么对于图 5.2 中的三个函数而言，显然有下列不等式关系

$$\int |\nabla u_1|^2 > \int |\nabla u_2|^2 > \int |\nabla u_3|^2$$

以此来看，曲线（3）是最平滑的，（1）是最不平滑的，（2）居于两者之间。因此，在最小化 $\int |\nabla u|^2$ 时，将首先平滑大的"跳变"。

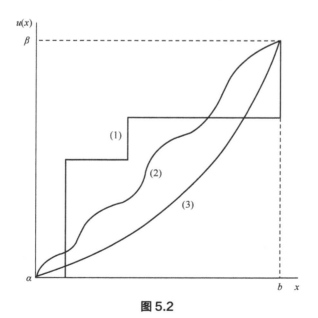

图 5.2

综上所述，如果将图像归类为变分有界函数空间，即 $u \in BV(\Omega)$，而且以分数阶

范数全变分 $\int |\nabla u_1|^\alpha$ 作为图像"平滑性"的度量将是图像处理的非常恰当的数学模型。

## 5.3.2 图像复原的 TV 模型

图像复原的 TV 模型是被 Rudin、Osher 和 Fateme 首先提出的，是最早的也是最著名的用 PDE 方法去噪和去模糊（即边缘保持）的例子。设计 TV 模型的目的很明确，就是为了在去除噪声和其他不必要的小尺度细节时保留边缘。TV模型是最简单的且合乎大多性质要求的变分模型，该模型最具革命性的地方是它的正则项，允许不连续同时又抵抗震荡。TV 模型最早用于对灰度图像的处理，形式如下：

$$\inf_{\int_\Omega (u-f)^2 \, \mathrm{d}x = \sigma^2} \int_\Omega |\nabla u| \qquad (5.20)$$

这里，$\Omega$ 表示图像支撑区域（比如计算机屏幕），通常是矩形。函数 $f(x): \Omega \to R$ 给出的观察图像，这里假定被方差为 $\sigma^2$ 的高斯白噪声污染。最优化的约束条件会迫使图像的目标函数在已知噪声量级的情况下取得最小值。目标函数为函数 $u(x)$ 的全变分。式（5.20）的最优化问题等价于下面的无约束条件的最优问题：

$$\inf_{u \in L^2(\Omega)} \int_\Omega |\nabla u| \, \mathrm{d}x + \lambda \int_\Omega (u-f)^2 \, \mathrm{d}x \qquad (5.21)$$

这里，$\lambda \geqslant 0$ 是拉格朗日乘子。关于式（5.20）和式（5.21）的等价性问题的证明请参阅相关文献。图 5.3、图 5.4、图 5.5、图 5.6 所示为几幅经过 TV 模型迭代 600 次处理的图像。

(a)                              (b)

图 5.3

（c）　　　　　　　　　（d）

图 5.3（续）

（a）　　　　　　　　　（b）

（c）　　　　　　　　　（d）

图 5.4

（a）　　　　　　　　　（b）

图 5.5

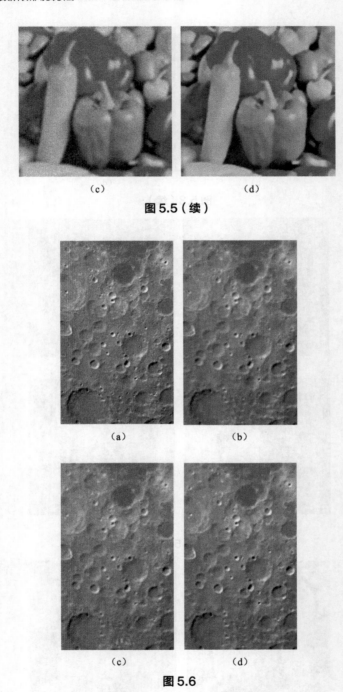

（c）　　　　　　　　　　（d）

**图 5.5（续）**

（a）　　　　　　　　　　（b）

（c）　　　　　　　　　　（d）

**图 5.6**

TV 模型存在两处不足：第一，它的欧拉-拉格朗日方程是一个带有病态条件的偏微分方程；第二，它不完全符合图像处理的形态学原则。图像在演化时的变化不仅取决于它的水平集（由 $\nabla u$ 表征），同时还取决于它的灰度值，TV 模型不足之处的直接表现是，其稳态解中往往有明显的"分片常数"效应（或称为"阶梯"效应）。为解决这一问题，我们提出了分数变阶偏微分图像复原模型。

### 5.3.3  图像复原的分数变阶偏微分模型

一个函数 $f(t) \in L^2(R)$ 在频域的 $\alpha$（$\alpha \in \mathbf{R}^+$）阶微分是

$$(\mathrm{D}_\alpha f)(\omega) = (\mathrm{j}\omega)^\alpha \hat{f}(\omega) = \hat{d}_\alpha(\omega)\hat{f}(\omega) \tag{5.22}$$

这里 $\hat{f}(\omega)$ 是 $f(t)$ 的傅里叶变换，$\hat{d}_\alpha(\omega) = (\mathrm{j}\omega)^\alpha$ 被称为 $\alpha$ 阶微分乘子函数，它的复指数形式为

$$\begin{cases} \hat{d}_\alpha(\omega) = \hat{a}_\alpha(\omega)\exp(\mathrm{j}\theta_\alpha(\omega)) \\ \hat{a}_\alpha(\omega) = |\omega|^\alpha, \quad \theta_\alpha(\omega) = \dfrac{\alpha\pi}{2}\mathrm{sgn}(\omega) \end{cases} \tag{5.23}$$

观察由公式（5.23）获得的分数阶微分对信号的幅频曲线，可明显发现分数阶微分可以提高信号高频成分同时非线性地保留信号低频成分。与利用二次范数 $H^1$ 相比，利用一次范数 $L^1$ 的主要优点是它具有更强的保护边缘的能力。可是一次范数 $L^1$ 也存在不足之处，就是在输出图像中常出现"分片常数"现象。虽然改进的 TV 模型已使这一问题得以缓解，但这种现象仍然存在。尽管这种"分片常数"现象对于图像特征提取、目标检测之类的应用而言，并不构成严重问题，但在视觉上仍然使得结果不能令人满意。而与 TV 模型不同，利用二次范数 $\int |\nabla u|^2$ 不会产生"分片常数"现象，却会导致边缘模糊化。于是我们考虑，能否将这两种"平滑性"度量方式结合起来，形成一种分数阶的"混合"度量方式呢？也就是说，我们希望复原过程中能根据图像的局部特征，自动地调整"平滑性"度量方式。在图像的强边缘处，它采用的范数接近一次，而在图像的平坦区域，采用的范数接近二次。另外，先前的偏微分方法在进行图像微分处理时用相同的阶次微分整幅图像，并非针对每个像素点的图像特征选择不同的微分阶次。综合以上的考虑，再加上分数阶微分对信号具有提高高频成分的同时非线性地保留低频成分的性质，以及结合分数变阶微分的概念，我们提出了下面的分数变阶偏微分图像复原模型。

我们考虑的模型如下：

$$\arg\min\{E(u)\} \tag{5.24}$$

这里 $E(u)$ 是定义在支撑域 $\Omega$ 的连续图像空间上的函数，其方程与下面的能量函数有关

$$E(u) = \int_{\Omega} \rho(|D_A u|) \mathrm{d}\Omega + \frac{\lambda}{2}\int_{\Omega}(h*u-u_0)^2 \mathrm{d}\Omega \tag{5.25}$$

这里 $\Omega$ 表示图像的支撑域，通常是矩形；$\lambda \geqslant 0$ 是拉格朗日乘子；函数 $\rho(\cdot) \geqslant 0$ 是一个增函数且满足条件 $\rho(0)=0$、$A = \alpha(|\nabla u|)$，$\alpha(\cdot)$ 也是增函数且满足下面的条件

$$\alpha(x) \to \begin{cases} 1, x \to 0 \\ 2, x \to \infty \end{cases}$$

$D_A$ 表示分数变阶偏微分算子，$D_A u = (D_{Ax}u, D_{Ay}u)$，$|D_A u| = \sqrt{D_{Ax}^2 + D_{Ay}^2}$；$h$ 表示高斯模糊的内核。可以按照下面的方法计算对应的欧拉-拉格朗日方程。

取任意的测试函数 $\eta \in C^{\infty}(\Omega)$，并令

$$\Phi(a) = \int_{\Omega}\rho(|D_A u + a D_A \eta|)\mathrm{d}x\mathrm{d}y + \frac{\lambda}{2}\int_{\Omega}(h*(u+a\eta)-u_0)^2\mathrm{d}x\mathrm{d}y \tag{5.26}$$

把 $a$ 看作变量，求函数在 $a=0$ 处的导数值有

$$\begin{aligned}
\Phi'(0) &= \frac{\mathrm{d}}{\mathrm{d}a}\left[\int_{\Omega}\rho(|D_A u + a D_A \eta|)\mathrm{d}x\mathrm{d}y + \frac{\lambda}{2}\int_{\Omega}(h*(u+a\eta)-u_0)^2\mathrm{d}x\mathrm{d}y\right]\bigg|_{a=0} \\
&= \int_{\Omega}\left[\rho'(|D_A u|)\frac{D_{Ax}u}{|D_A u|}D_{Ax}\eta + \rho'(|D_A u|)\frac{D_{Ay}u}{|D_A u|}D_{Ay}\eta\right]\mathrm{d}x\mathrm{d}y \\
&\quad + \lambda\int_{\Omega}(h*u-u_0)(h*\eta)\mathrm{d}x\mathrm{d}y \\
&= \int_{\Omega}\left[c(|D_A u|^2)D_{Ax}u\right]D_{Ax}\eta\mathrm{d}x\mathrm{d}y + \int_{\Omega}\left[c(|D_A u|^2)D_{Ay}u\right]D_{Ay}\eta\mathrm{d}x\mathrm{d}y \\
&\quad + \lambda\int_{\Omega}(h*u-u_0)(h*\eta)\mathrm{d}x\mathrm{d}y \\
&= \int_{\Omega}\left\{D_{Ax}^*\left[c(|D_A u|^2)D_{Ax}u\right] + D_{Ay}^*\left[c(|D_A u|^2)D_{Ay}u\right]\right. \\
&\quad \left. + \lambda h*(h*u-u_0)\right\}\eta\mathrm{d}x\mathrm{d}y
\end{aligned}$$

这里 $D_{Ax}^*$ 是 $D_{Ax}$ 的伴随算子，$D_{Ay}^*$ 是 $D_{Ay}$ 的伴随算子；系数 $c(s) = \frac{\rho'(\sqrt{s})}{\sqrt{s}}$。因此，对应的欧拉-拉格朗日方程是

$$D_{Ax}^*\left[c(|D_A u|^2)D_{Ax}u\right] + D_{Ay}^*\left[c(|D_A u|^2)D_{Ay}u\right] + \lambda h*(h*u-u_0) = 0 \tag{5.27}$$

根据数学理论，该欧拉-拉格朗日方程可以通过梯度下降法来求解：

$$\frac{\partial u}{\partial t} = -D_{Ax}^{*}\left[c\left(\left|D_{A}u\right|^{2}\right)D_{Ax}u\right] - D_{Ay}^{*}\left[c\left(\left|D_{A}u\right|^{2}\right)D_{Ay}u\right] \\ -\lambda h * (h * u - u_{0})$$

（5.28）

该欧拉-拉格朗日方程的解就是获得的复原的图像。

# 5.4 数值实现和仿真结果

在本节，我们将数值实现我们提出的分数变阶偏微分图像复原模型，并通过测试图像仿真验证这个模型的有效性。我们通过组合图像相似性指数（combined image similarity index，CISI）和峰值信噪比（PSNR）来作为复原图像质量的度量。其中，CISI 的定义如下：

$$CISI = (MS\text{-}SSIM)^{a} \cdot (VIF)^{b} \cdot (FSIM)^{c}$$

这里，$MS\text{-}SSIM$、$VIF$ 和 $FSIM$ 分别表示多尺度结构相似性度量、视觉信息保真度度量和特征相似性度量。指数值（$a$=0.5、$b$=0.3、$c$=5）是参考 TID2008 数据库（当前最大的带有许多失真类型的可用数据集）优化获得的简化结果，也经过了其他数据的进一步验证。

峰值信噪比（PSNR）的定义为

$$PSNR = 10 \times \log_{10}\left(\frac{255^{2}}{MSE}\right)$$

这里 $MSE = \frac{\|u - u_{0}\|_{2}^{2}}{M \times N}$ 表示均方误差，$u_{0}$ 是原始图像，$u$ 是复原后的图像。$PSNR$ 的值越大，说明复原的效果越好。

分数变阶偏微分图像复原模型实现步骤如下。

① 把 $u$ 当成输入图像，令 $n = 1$，$u_{n} = u$，$t = k\Delta t$，计算 $u_{n}$ 的二维离散傅里叶变换 $\hat{u}_{n}$。

② 计算 $|\nabla u_{n}|$，$A = 2 \cdot \frac{|\nabla u_{n}| + 1}{|\nabla u_{n}| + 2}$，$\lambda = 2 - A$。

③ 计算 $A$ 阶偏微分

$$\tilde{D}_{Ax}u_{n} = F^{-1}[(1 - \exp(-\text{j}2\pi\omega_{1}/m))^{A}\exp(\text{j}\pi A\omega_{1}/m)F(u_{n})]$$

和

$$\tilde{D}_{Ay}u_n = F^{-1}[(1 - \exp(-\mathrm{j}2\pi\omega_2 / m))^A \exp(\mathrm{j}\pi A\omega_2 / m)F(u_n)],$$

计算 $K_1^* = \mathrm{diag}(\mathrm{conj}((1 - \exp(-\mathrm{j}2\pi\omega_1 / m))^A \exp(\mathrm{j}\pi A\omega_1 / m)))$，以及 $K_2^* = \mathrm{diag}(\mathrm{conj}((1 - \exp(-\mathrm{j}2\pi\omega_2 / m))^A \exp(\mathrm{j}\pi A\omega_2 / m)))$。

④ 计算 $h_{xn} = c\left(\left|\tilde{D}_A u_n\right|^2\right)\tilde{D}_{Ax}u_n$ 和 $h_{yn} = c\left(\left|\tilde{D}_A u_n\right|^2\right)\tilde{D}_{Ay}u_n$，然后计算 $\hat{g}_n = K_1^* \circ F(h_x n) + K_2^* \circ F(h_y n)$。

⑤ 计算 $\hat{u}_{n+1} = \hat{u}_n - \hat{g}_n \cdot \Delta t$ 且令 $n = n+1$；如果 $n = k$，那么计算 $\hat{u}_n$ 的二维逆离散傅里叶变换停止；否则转到第②步。

在我们的实验中，我们选取参数 $\Delta t = 0.01$、$k = 9$，以及 $c(s)$ 函数的表达式如下：

$$c(s) = \frac{1}{1 + (s/10)^2}$$

# 5.4.1  实验一：分数变阶偏微分图像复原模型的去噪和去模糊

在实验中，我们测试了分数变阶偏微分图像复原模型对图像去噪和去模糊的有效性，比较对象为 TV 图像复原模型。我们选取了不同像素数的测试图像，有 256×256、512×512 或 175×132 的灰度图像 Changeone、Lena、Peppers、Lady、Fighter、Autumn、Bird、Bridge、Butterfly、Eagle、Panda、Image43 和 Rose。图 5.7～图 5.19 所示分别为由我们提出的模型和 TV 模型获得的 Changeone、Lena、Peppers、Lady、Fighter、Autumn、Bird、Bridge、Butterfly、Eagle、Panda、Image43 和 Rose 的复原图像，其中图 5.7（a）、图 5.8（a）、图 5.9（a）、图 5.10（a）、图 5.11（a）、图 5.12（a）、图 5.13（a）、图 5.14（a）、图 5.15（a）、图 5.16（a）、图 5.17（a）、图 5.18（a）和图 5.19（a）所示分别是 Changeone、Lena、Peppers、Lady、Fighter、Autumn、Bird、Bridge、Butterfly、Eagle、Panda、Image43 和 Rose 的原始图像；图 5.7（b）、图 5.8（b）、图 5.9（b）、图 5.10（b）、图 5.11（b）、图 5.12（b）、图 5.13（b）、图 5.14（b）、图 5.15（b）、图 5.16（b）、图 5.17（b）、图 5.18（b）和图 5.19（b）所示分别是 Changeone、Lena、Peppers、Lady、Fighter、Autumn、Bird、Bridge、Butterfly、Eagle、Panda、Image43 和 Rose 受污染的图，它们受了高斯模糊核（G(7,3)）和高斯白噪声（$\sigma = 10$）的污染，它们对应的 *PSNR* 和 *CISI* 见表 5.1；图 5.7（c）、图 5.8（c）、图 5.9（c）、图 5.10（c）、图 5.11（c）、图 5.12（c）、图 5.13（c）、图 5.14（c）、图 5.15（c）、

图 5.16（c）、图 5.17（c）、图 5.18（c）和图 5.19（c）所示是受污染的图经过 TV 模型处理后的复原图，获得的 *PSNR* 和 *CISI* 的值也列在了表 5.1 中；图 5.7（d）、图 5.8（d）、图 5.9（d）、图 5.10（d）、图 5.11（d）、图 5.12（d）、图 5.13（d）、图 5.14（d）、图 5.15（d）、图 5.16（d）、图 5.17（d）、图 5.18（d）和图 5.19（d）所示为受污染的图经过分数变阶偏微分图像复原模型处理后的复原图，得到的 *PSNR* 和 *CISI* 的值见表 5.1。

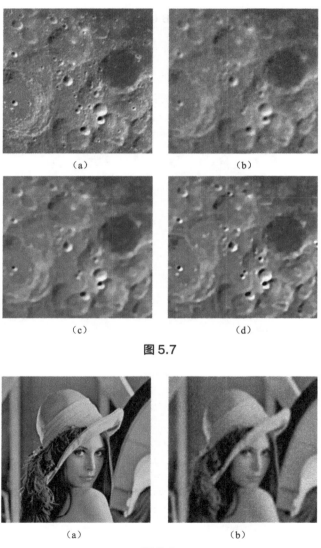

（a）  （b）

（c）  （d）

图 5.7

（a）  （b）

图 5.8

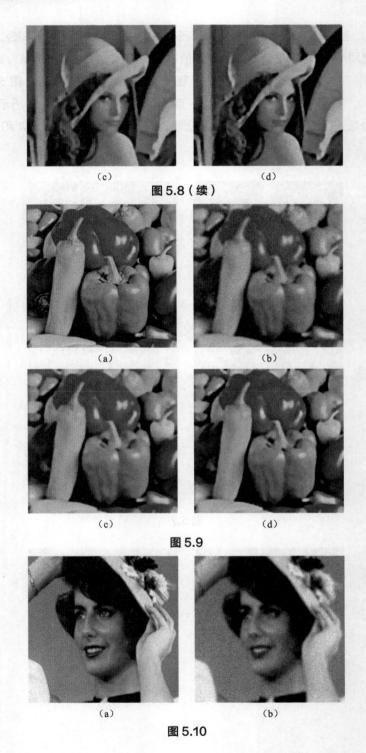

（c）　　　　　　　　　（d）

图 5.8（续）

（a）　　　　　　　　　（b）

（c）　　　　　　　　　（d）

图 5.9

（a）　　　　　　　　　（b）

图 5.10

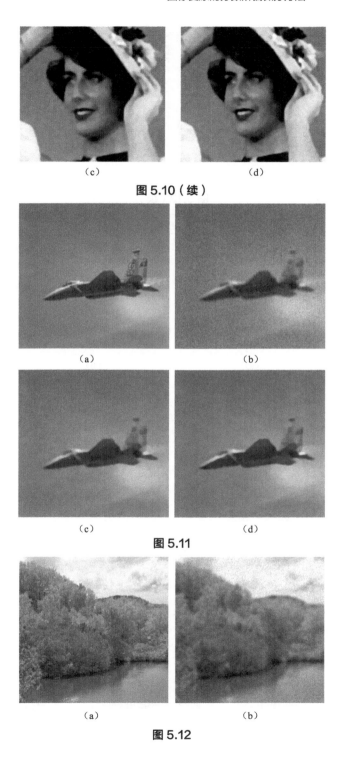

（c） （d）

图 5.10（续）

（a） （b）

（c） （d）

图 5.11

（a） （b）

图 5.12

（c）　　　　　　　（d）

**图 5.12（续）**

（a）　　　　　　　（b）

（c）　　　　　　　（d）

**图 5.13**

（a）　　　　　　　（b）

**图 5.14**

（c） （d）

**图 5.14（续）**

（a） （b）

（c） （d）

**图 5.15**

（a） （b）

**图 5.16**

（c）　　　　　（d）

**图 5.16（续）**

（a）　　　　　（b）

（c）　　　　　（d）

**图 5.17**

（a）　　　　　（b）

**图 5.18**

（c）　　　　　　　　　（d）

图 5.18（续）

（a）　　　　　　　　　（b）

（c）　　　　　　　　　（d）

图 5.19

表 5.1　分数变阶偏微分图像复原模型和 TV 模型的对比结果

| 测试图像 | 受污染图 | | TV 模型 | | 分数变阶偏微分图像复原模型 | |
|---|---|---|---|---|---|---|
| | *PSNR* | *CISI* | *PSNR* | *CISI* | PSNR | CISI |
| Changeone | 24.1429 | 0.5211 | 25.9132 | 0.6770 | 26.2389 | 0.7032 |
| Lena | 24.1866 | 0.5301 | 27.0604 | 0.6932 | 27.3116 | 0.7161 |
| Peppers | 24.2929 | 0.5331 | 27.6985 | 0.7163 | 28.1243 | 0.7771 |
| Lady | 25.6635 | 0.6760 | 30.4625 | 0.8398 | 30.6072 | 0.8582 |
| Fighter | 27.2985 | 0.7407 | 35.1076 | 0.9359 | 35.4402 | 0.9467 |
| Autumn | 24.2184 | 0.5321 | 26.0972 | 0.7001 | 26.1313 | 0.7122 |

续表

| 测试图像 | 受污染图 | | TV 模型 | | 分数变阶偏微分图像复原模型 | |
|---|---|---|---|---|---|---|
| | *PSNR* | *CISI* | *PSNR* | *CISI* | PSNR | CISI |
| Bird | 21.7525 | 0.4064 | 22.7110 | 0.5011 | 22.7482 | 0.5212 |
| Bridge | 23.4748 | 0.5198 | 25.3515 | 0.6560 | 25.4814 | 0.6757 |
| Butterfly | 21.3074 | 0.3985 | 22.5801 | 0.5001 | 22.7271 | 0.5210 |
| Eagle | 23.7141 | 0.5201 | 26.0740 | 0.7031 | 26.7544 | 0.7253 |
| Panda | 24.8799 | 0.5639 | 27.7442 | 0.7161 | 27.7705 | 0.7556 |
| Image43 | 24.0936 | 0.5392 | 26.3094 | 0.7029 | 26.3640 | 0.7132 |
| Rose | 21.6974 | 0.4021 | 23.4043 | 0.5300 | 23.5005 | 0.5773 |

从表 5.1 列出的结果，我们不难看出，与 TV 模型相比，无论是视觉效果还是图像质量，我们提出的模型对图像的复原都更好。

## 5.4.2 实验二：提出的新模型与 IRTV 和 BM3D 算法的对比

图像复原方法还有不少种，比如，作者就在文献中提出了一种迭代权重 TV（IRTV）算法，该方法被认为针对合成的图像在保持边缘和纹理方面比 TV 模型效果更好。另外一种经典的图像复原方法叫 BM3D，它基于在变换域内增强的稀疏表示。这种稀疏的增强是一个把分组相似的二维图像碎片映射到三维数组的过程，这个过程中会利用协同滤波来处理三维数组数据。因此，BM3D 被认为具有先进的去噪性能。接下来，我们进行一组实验，对比我们提出的分数变阶偏微分图像复原模型与 IRTV 算法和 BM3D 算法复原图像的效果。

类似于实验一，我们将各种算法应用于不同像素数的测试图像，有 256×256 的，也有 343×343 的，它们都是被高斯核模糊和标准差 $\sigma = 10$ 的高斯白噪声污染的图像。通过把标准差作为已知参数的 BM3D 算法，我们在 MATLAB 中集成 BM3D 可以获得处理结果。对不同测试图像利用 BM3D、IRTV 和分数变阶偏微分图像复原模型得到的 *PSNR* 值见表 5.2。图 5.20 和图 5.21 所示为具有代表性的 Carving 图和 Nebula 图的原图和处理效果。

**表 5.2** 对不同测试图像利用 BM3D、IRTV 和分数变阶偏微分图像复原模型得到的 *PSNR* 值

| 测试图像 | BM3D | IRTV | 分数变阶微分图像复原模型 |
|---|---|---|---|
| Carving | 30.8978 | 30.9899/0.2 | 31.1199 |
| Building | 28.1121 | 28.2715/0.2 | 28.7988 |
| Church | 29.3129 | 29.0531/0.4 | 30.1171 |
| Phantomdisk | 33.0535 | 33.3260/0.2 | 33.6925 |
| Satellite | 28.0385 | 28.3856/0.6 | 28.5576 |
| Nebula | 23.4295 | 23.4681/0.2 | 24.5361 |

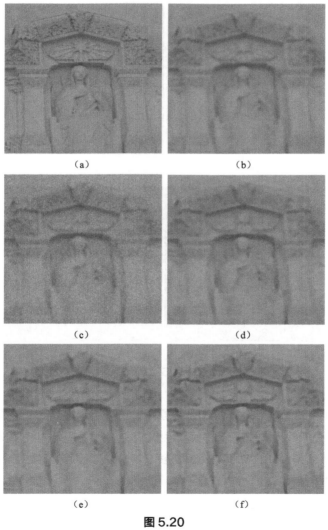

（a）　　　　　　　　　　（b）

（c）　　　　　　　　　　（d）

（e）　　　　　　　　　　（f）

**图 5.20**

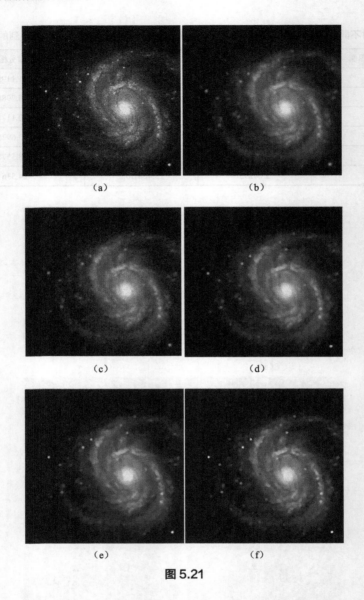

（a）　　　　　　　　　　（b）

（c）　　　　　　　　　　（d）

（e）　　　　　　　　　　（f）

**图 5.21**

　　在图 5.20 和图 5.21 中，（a）所示为原图，（b）所示为受高斯核模糊污染的图，（c）所示为受高斯核模糊和高斯白噪声污染的图，（d）所示为经 BM3D 算法处理的图，（e）所示为经 IRTV 算法处理的图，（f）所示为经分数变阶偏微分图像复原模型处理的图。

　　从表 5.2 中我们不难发现，三种方法都取得了不错的结果，我们提出的模型比其他两种方法要好些。这样的结果是必然的，因为我们提出的模型可根据图像的不同特征来不断地改变和调整微分阶次，不仅能够去除图像噪声，也能够增强图像的纹理和边缘细节，从而达到去模糊的效果。

# 5.5  本章小结

本章主要介绍图像复原的分数阶偏微分方程方法，以及我们建立的分数变阶偏微分图像复原模型，该模型能根据每个像素点的图像特性自动地选择微分阶次，这样能有效地避免阶梯效应和选择参数难的问题。另外，该模型很容易实现，代表一种自适应图像处理的新方法。最后，我们通过数值仿真实验说明了这个模型的有效性。

第 **6** 章

# 图像分割的分数阶
# 微积分方法

# 6.1 图像分割的传统方法

图像分割算法的研究一直以来都受到人们的高度重视。关于图像分割的原理和方法国内外已有不少论文发表，但没有一种分割方法适用于所有图像分割处理。传统的图像分割方法存在着不足，不能满足人们的要求，给进一步的图像分析和理解带来了困难。

现有的图像分割方法可以大致分为四类：基于聚类的方法、基于图割的方法、基于神经网络的方法和基于活动轮廓的方法。以下简要介绍这些方法。

## 6.1.1 基于聚类的方法

聚类是将物理对象或抽象对象的集合分成由相似的对象组成的多个类的过程。这个过程的目标是通过对相似性或距离的度量将数据分成不同的群集，每个群集包含具有相似特征的对象，每个群集的对象与其他群集中的对象具有显著的差异。聚类分析，有时也称为群分析，是一种用于解决分类问题的统计分析方法。

这种方法将每个像素视为一个样本，并假设属于同一类的像素遵循特定的分布。图像分割是通过应用聚类算法如 K-均值或模糊 C 均值来实现的。虽然这些算法效率高，但对于初始聚类中心很敏感，而且通常需要手动调整聚类数目。

K-均值聚类算法是著名的聚类算法。划分方法的基本思想是：给定一个有 $N$ 个元组或者记录的数据集，分裂法将构造 $K$ 个分组，每一个分组就代表一个聚类。而且这 $K$ 个分组满足下列条件：（1）每一个分组至少包含一个数据记录；（2）每一个数据记录属于且仅属于一个分组。对于给定的 $K$，算法首先给出一个初始的分组方法，然后通过迭代的方法改变分组，使得每一次迭代之后的分组方案都更好，更好的标准：同一分组中的记录距离更近，而不同分组中的记录距离更远。

K-均值聚类算法步骤描述如下。

① 随机选取聚类中心。

② 根据当前聚类中心，利用选定的度量方式，分类所有样本点。

③ 计算当前每一类样本点的均值，作为下一次迭代的聚类中心，计算下一次迭代的聚类中心与当前聚类中心的差距，当差距小于迭代阈值时，迭代结束。

我们假设 $K = 2$，在图 6.1（b）中我们随机选择两个类所对应的质心。分别求出样本中每个点到这两个质心的距离，并且将每个样本所属的类别归到和该样本距离较小的质心的类别，得到图 6.1（c），也就是第一轮迭代后的结果。我们对图 6.1（c）中的点分别求出新的质心，得到图 6.1（d），此时质心的位置发生了改变。获得图 6.1（e）和图 6.1（f）重复获得图 6.1（c）和图 6.1（d）的过程即可，即将所有点的类别标记为距离较近的质心的类别并求新的质心。一般来说，K-均值聚类算法需要运行多次才能达到图 6.1（f）所示的效果。

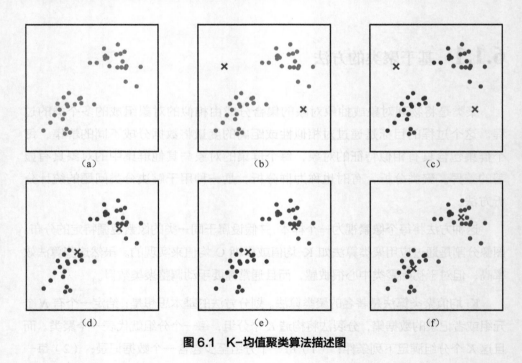

**图 6.1　K-均值聚类算法描述图**

# 6.1.2　基于图割的方法

图像分割问题涉及将一幅图像分成不同的区域或对象，这可以看作是一种区域划分问题。当我们希望在图像中找到某种边界或分离物体时，可以使用图像分割。

直观地说，我们希望将图像分割成多个子区域，使得每个子区域内的像素或某个区域具有相似的特性。

从图割可以精确求解的能量函数入手，可概括出基于图割的图像分割方法的步骤，主要包括 3 步：1. 定义能量函数；2. 将图像映射为图；3. 最小割/最大流方法。

### 1. 定义能量函数

在满足一定前提条件的情况下，能量函数最小化可用最小割来精确求解，这个前提条件如下：①可用二值标记；②所有权重是非负的。这反映到能量函数中，对数据项函数，可以是任意的，因为如果权重是负的，加一个常数即可。对平滑项函数，要满足子模函数的条件，比如二值 Potts 能。如果是其他能量函数，通常只能得到逼近最优解，比如，多标记 Potts 能，可用 $\alpha$ 扩展算法或 $\alpha$-$\beta$ 交换算法来逼近求解。图割模型的核心问题在于如何设计适当的数据项和光滑项，来得到更加准确的分割结果。设 $x$ 为一个二值向量，其中元素 $x_p$ 表示分配给图像中像素 $p$ 的值（0 表示背景，1 表示目标），向量 $x$ 对应图像分割结果。常见的能量函数设计如下：

$$E(x)= \sum_{\{p,q\}\in N} V_{\{p,q\}}(x_p,x_q) + \lambda \sum_{p\in P} D_p(x_p) \qquad (6.1)$$

### 2. 将图像映射为图

（1）构建图。图的顶点和图像的像素或区域对应每个顶点有两个边，连接源（$s$）和汇（$t$），称为 t-links，反映每个标记的偏好程度。邻域连接 n-links 反映平滑项，指示顶点之间的不连续性。图定义后，由所有顶点和所有边组成，即

$$G = \langle V,E \rangle \qquad (6.2)$$

（2）对图的各个边的权重进行赋值。

### 3. 最小割/最大流方法

最小割/最大流方法主要包括两大类：推进重标记（push relabel）方法和增广路径（augmenting paths）方法。推进重标记方法沿着非饱和边缘给一个到汇的距离的低界估计，然后面向具有到汇最小估计距离的顶点来推进剩余的流。随着推进操作，边缘逐渐饱和，距离逐渐增加。该方法易于并行实现，通常采用 **GPU** 加速实现

来提高效率。Ford Fulkerson 的标号方法（简称 FF 方法）是基于增广路径的方法，通过标号不断生成一棵树，直到找不到关于可行流的增广路径为止。FF 方法的计算复杂度与网络的节点数或边数无关，而与边的权值有关。为了规避求最大流时计算复杂度依赖于边的权值的缺点，Dinic 设计了一种分层算法。为了进一步提高最小割/最大流方法的效率，Boykov 等提出了基于增广路径的新方法，该方法在当前计算机视觉领域的应用非常广泛。其核心是建立两棵搜索树 S 和 T，S 以源点 s 为根，T 以汇点 t 为根。树 S 中所有父结点到孩子结点的边都是不饱和的，结点分为主动（active）结点和被动（passive）结点，主动结点可以通过从树 T 获得新的后代来使得搜索树"生长"（grow），被动结点不能生长。算法重复以下 3 个阶段：

（1）生长阶段（growth stage）：搜索树 S、T 生长，直到找到汇点；

（2）扩展阶段（augmentation stage）：扩展路径，搜索树变成森林；

（3）收养阶段（adoption stage）：收养孤立结点，恢复搜索树。

这些方法考虑了像素之间的相关性，并将分割问题转化为图分割问题。构建了一个割能量模型，并选择最小化能量的割作为分割曲线。然而，准确定义像素相关性的权重通常具有挑战性，权重定义不准确常常在复杂区域导致欠分割或过分割。

# 6.1.3　基于神经网络的方法

基于神经网络的方法近年来得以发展，用于执行各种任务，如语义分割等，显示了广泛的前景。然而，采用基于神经网络的方法分割图像需要大量图像来训练网络，而且输出通常在小区域内给出粗糙的而不是精细的分割，然而在医学图像分析中精细的细节至关重要。以下是对两种常用分割方法的介绍。

（1）语义分割。

语义分割是一种图像分割任务，其目标是将图像中的每个像素分配到其对应的语义类别。这意味着在输出图像中，每个像素都被标记为属于图像中的某个类别或背景。语义分割的主要特点如下。

① 对像素分类。与目标检测不同，语义分割不仅找到像素的位置，还精确标记每个像素属于哪个类别，例如汽车、树木、人等。

② 使用卷积神经网络（convolutional neural network，CNN）。深度学习方法已经在语义分割中取得了巨大的成功，卷积神经网络是常用的架构，例如全卷积网络（fully convolutional network，FCN）和 U-Net 常用于端到端的像素级别语义分割。

③ 应用领域。语义分割在自动驾驶、医学图像分析和物体识别等领域应用广泛，为计算机理解图像提供了重要的基础。

（2）实例分割。

实例分割是一种级别更高的图像分割任务，不仅要分割图像中的不同对象，还要区分同一类别中的不同实例。这意味着即使是同一类别的物体也会被进行唯一标识和分割。实例分割的主要特点如下。

① 每个物体分割。实例分割不仅为每个对象分配一个类别标签，还为每个对象分配唯一的标识符（通常是颜色掩模），以区分不同的物体实例。

② 使用 Mask R-CNN。Mask R-CNN 是一种常用的实例分割方法，它扩展了目标检测模型，添加了额外的分割分支，以生成每个物体实例的精确分割掩模。

③ 应用领域。实例分割在物体跟踪、遥感图像解释、医学图像分析和自动化机器人等领域非常有用，它允许计算机更好地理解图像中不同物体的独立性和位置。

这两种分割方法都是深度学习和卷积神经网络的重要应用，并且已经在计算机视觉领域取得了成果。选择哪种方法取决于特定应用的需求，语义分割适用于强调类别标签的任务，而实例分割则适用于需要区分不同物体实例的任务。

## 6.1.4 基于活动轮廓的方法

活动轮廓模型的灵感来自于曲线的一个特性，即在二维平面上，受曲率力作用下，闭合曲线会逐渐演化成一个圆，并最终收缩为一个点。这表明曲线可以在曲率力的驱动下发生演化和移动。活动轮廓模型的核心理念是在二维图像中引入一条初始曲线，并允许这条曲线通过能量最小化的方式演化成为目标轮廓。演化过程如下。

（1）设置初始曲线。在图像中设置一条随机初始曲线，通常位于感兴趣的区域。

（2）能量最小化。构建一个能量函数，其参数包括一条曲线，当这条曲线与目标轮廓完全一致时，能量函数达到最小值，因此，演化的目标是能量函数值最小化。

（3）曲线演化。在演化过程中，曲线受到内部力和外部力的共同作用。内部力主要取决于曲线自身的形状，它有助于使曲线保持平滑，从而防止过度弯曲或形成不规则的形状。而外部力则是由图像数据中的特征引导的，它主导着曲线沿图像中的目标轮廓移动的方向。

（4）停止演化。当曲线完全与目标轮廓重合，或者能量函数达到最小值时，演化过程停止，生成分割结果。

这种基于活动轮廓的方法非常有用，特别是在需要用户交互或对不规则形状的目标感兴趣的图像分割任务中。通过不断迭代和调整能量函数，可以有效地实现分割目标轮廓的任务。

图像分割中的活动轮廓（active contour）或 Snake 模型是由 M. Kass 等首先提出的，自 1987 年 Kass 提出 Snakes 模型以来，各种基于主动轮廓线的图像分割理解和识别方法如雨后春笋般出现。Snakes 模型的基本思想很简单，它以构成一定形状的一些控制点为模板（轮廓线），通过模板自身的弹性形变，与图像局部特征相匹配达到调和，即某种能量函数最小化，完成对图像的分割，再通过对模板的进一步分析实现对图像的理解和识别。

简单地讲，Snakes 模型就是一条可变形的参数曲线及对应的能量函数，以最小化能量目标函数为目标，控制参数曲线变形，具有最小能量的闭合曲线就是目标轮廓。

构造 Snakes 模型的目的是为了调和上层知识和底层图像特征这一对矛盾。无论是亮度、梯度、角点、纹理还是光流，所有的图像特征都是局部性的。所谓局部性就是指图像上某一点的特征只取决于这一点所在的邻域，而与物体的形状无关。但是人们对物体的认识主要是来自于其外形轮廓。有效地将两者融合在一起正是 Snakes 模型的长处。Snakes 模型的轮廓线承载了上层知识，而轮廓线与图像的匹配又融合了底层特征。上层知识和底层图像特征分别表示为 Snakes 模型中能量函数的内部力和图像力。

模型的形变受同时作用在模型上的许多不同的力控制，每一种力产生一部分能量，这部分能量表示为活动轮廓模型的能量函数的一个独立的能量项。

Snakes 模型首先需要在感兴趣区域的附近给出一条初始曲线，然后最小化能量泛函，让曲线在图像中发生形变并不断逼近目标轮廓。

Kass 等提出的原始 Snakes 模型包含一组控制点 $v(s) = [x(s), y(s)]$，$s \in [0,1]$，这

些点以直线相连构成轮廓线，其中 $x(s)$ 和 $y(s)$ 表示控制点在图像中的坐标位置，$s$ 是以傅里叶变换形式描述边界的自变量。在 Snakes 的控制点上定义能量函数（反映能量与轮廓之间的关系）：

$$E_{total} = \int_s \left( \alpha \left| \frac{\partial}{\partial s} \vec{v} \right|^2 + \beta \left| \frac{\partial^2}{\partial s^2} \vec{v} \right|^2 + E_{ext}(\vec{v}(s)) \right) \mathrm{d}s \qquad (6.3)$$

其中第 1 项称为弹性能量是 $v$ 的一阶导数的模；第 2 项称为弯曲能量，是 $v$ 的二阶导数的模；第 3 项是外部能量（外部力），在基本 Snakes 模型中一般只取控制点或连线所在位置的图像局部特征，例如梯度

$$E_{ext}(\vec{v}(s)) = P(\vec{v}(s)) = - |\nabla I(v)|^2 \qquad (6.4)$$

此时梯度也称图像力。当轮廓 C 靠近目标图像边缘，C 的灰度的梯度将会增大，那么上式的能量最小，由曲线演变公式知道该点的速度将变为 0，也就是停止运动了，这意味着 C 就停在图像的边缘位置了，也就完成了分割。这种分割的前提是目标在图像中的边缘比较明显，否则轮廓很容易越过边缘。

弹性能量和弯曲能量合称内部能量（内部力），用于控制轮廓线的弹性形变，起到使轮廓保持连续性和平滑性的作用。而第三项代表外部能量，也被称为图像能量，表示变形曲线与图像局部特征吻合的情况。内部能量仅跟轮廓线的形状有关，跟图像数据无关，外部能量跟图像数据有关。在某一点的 $\alpha$ 和 $\beta$ 的值决定曲线可以在这个点伸展和弯曲的程度。

最终，对图像的分割问题转化为求解能量函数 $E_{total}(v)$ 最小值（最小化轮廓的能量）问题。在能量函数极小化过程中，弹性能量迅速把轮廓线压缩成一个光滑的圆，弯曲能量驱使轮廓线成为光滑曲线或直线，而图像力则使轮廓线向图像的高梯度位置靠拢。基本 Snakes 模型中，这 3 个力是联合作用的。

因为图像上的点都是离散的，所以用来优化能量函数的算法都必须在离散域里定义。求解能量函数 $E_{total}(v)$ 极小化是一个典型的变分问题（微分运算中，自变量一般是坐标等变量，因变量是函数；变分运算中，自变量是函数，因变量是函数的函数，即数学上所谓的泛函。对泛函求极值的问题，数学上称为变分）。

在离散化条件（数字图像）下，由欧拉方程可知最终问题等价于求解一组差分方程，欧拉方程是泛函极值条件的微分表达式，求解泛函的欧拉方程，即可得到使泛函取极值的驻函数，将变分问题转化为微分问题。

$$-\alpha' \vec{v}' - (\alpha - \beta'') \vec{v}'' + 2\beta'' \vec{v}'' + \beta \vec{v}''' = -\nabla P(\vec{v}) \qquad (6.5)$$

记外部力 $F = -\nabla P$，将上式离散化后，对 $x(s)$ 和 $y(s)$ 分别构造五对角阵的线性方程组，通过迭代计算进行求解。在实际应用中，一般先在物体周围手动标记控制点作为 Snakes 模型的起始位置，然后对能量函数迭代求解。

# 6.2 测地线活动轮廓模型

与传统的活动轮廓模型类似，测地线活动轮廓（geodesic active contour，GAC）模型也需要一个初始轮廓，通常由用户定义或由算法提供。与传统的活动轮廓模型的不同之处在于，测地线活动轮廓模型使用了测地线距离的概念。测地线距离是一种在图像上两个点之间最短路径的距离，而不是简单的欧氏距离。这种距离度量考虑了图像中的边界和障碍物，更能反映图像的几何结构。测地线活动轮廓模型在分割过程中更注重图像的几何特性，因此能够更准确地捕捉目标的边界，特别适用于包含复杂几何结构的图像的分割。使用测地线活动轮廓模型是一种结合了活动轮廓模型和测地线理论的图像分割方法，它通过更好地考虑图像的几何结构，得到了更准确和可靠的分割结果。这使得它在图像需要高精度分割的领域具有广泛的应用前景。

GAC 模型是活动轮廓模型的一种，由 Snakes 模型演变而来，克服了 Snakes 模型需要预知曲线参数的问题。该模型通过计算曲线最小化能量泛函来推动曲线演化，与费马原理相近，即光在不同介质中总是沿着光程最短的路线行进。GAC 模型的能量泛函为

$$L_R(C) = \int_0^{L(C)} g[|\nabla I(C(s))|]\mathrm{d}s \tag{6.6}$$

其中 $C$ 为图像上某条闭合曲线，$L(C)$ 为闭合曲线对应的长度，$L_R(C)$ 为加权弧长。$g$ 为边缘函数，它的形式有很多种，最常用的形式如下：

$$g(r) = \frac{1}{1 + (r/K)^p}, \quad p = 1, 2 \tag{6.7}$$

其中 $K$ 为常数，可以用来控制边缘函数 $g$ 边缘的陡峭程度。

GAC 模型的梯度下降流为

$$\frac{\partial u}{\partial t} = g(C)\mathrm{div}\left(\frac{\nabla u}{|\nabla u|}\right)N - (\nabla g \cdot N)N \tag{6.8}$$

其中 $N$ 为闭合曲线 $C$ 的单位法向量。

## 6.2.1 模型的建立

建立 GAC 模型涉及定义能量函数以及如何最小化这个能量函数，从而实现轮廓曲线的演化和目标分割。建立测地线活动轮廓模型的基本步骤如下。

（1）定义能量函数。测地线活动轮廓模型的核心是能量函数，它包括了内部能量、外部能量和测地线距离项。能量函数的定义是模型的关键步骤之一。

① 内部能量（$E_{internal}$）：内部能量通常表示曲线的平滑性，可以用弯曲度，即曲线的二阶导数来度量。内部能量的目标是保持曲线的平滑性。

$$E_{internal} = \int k^2 \mathrm{d}s \tag{6.9}$$

其中，$k$ 是曲线的曲率，$s$ 表示弧长。

② 外部能量（$E_{external}$）：外部能量根据图像数据的特征度量曲线与目标边界的相似性。通常使用梯度或其他图像特征来计算外部能量。

$$E_{external} = \int f(I(x,y)) \mathrm{d}s \tag{6.10}$$

其中，$I(x,y)$ 是图像强度或特征，$f$ 是外部能量函数。

③ 测地线距离项（$E_{geodesic}$）：测地线距离项是测地线活动轮廓模型的特色，它用于测量曲线在图像中的最短路径距离。测地线距离项的目标是确保曲线按照几何最短路径演化。

$$E_{geodesic} = \int g(I(x,y)) \mathrm{d}\sigma \tag{6.11}$$

其中，$\sigma$ 表示测地线弧长，$g$ 是测地线距离项的函数。

（2）最小化能量函数。一旦定义了能量函数，我们的目标就是最小化总能量函数 $E_{total} = E_{internal} + E_{external} + E_{geodesic}$，这通常涉及迭代算法，以找到最小化能量的曲线。

（3）曲线演化。在能量最小化的过程中，曲线会不断地演化，内部能量、外部能量和测地线距离项共同作用，推动曲线朝着图像中的目标轮廓移动。演化过程会持续到能量函数收敛或达到停止条件。

（4）分割结果。当曲线演化完成后，分割结果就生成了，曲线内部的区域被标记为目标，而曲线外部的区域则被标记为背景，或者根据特定应用的需要进行不同的标记。

建立 GAC 模型需要仔细定义内部能量、外部能量和测地线距离项，并设计有效的能量最小化策略，这个过程通常需要在具体应用中进行参数调整和优化，以获得高质量的图像分割结果。

## 6.2.2  模型的水平集方法

### 1. 传统曲线演化的水平集方法

一条平面封闭曲线可以表达为一个二维函数 $u(x, y)$ 的水平集：

$$C = \{(x, y) \mid u(x, y) = c\} \tag{6.12}$$

演化的曲线 $C$ 可以嵌入演化函数 $u(x, y, t)$ 中，通常令水平集常数为零，即 $u$ 的零水平集：

$$C(t) = \{(x, y) : u(x, y, t) = 0\} \tag{6.13}$$

在任何时刻，曲线 $C$ 的演化对应就是对应 $u$ 的零水平集，曲线 $C$ 和水平集函数的演化关系为

$$\frac{\partial C}{\partial t} = FN \rightarrow \frac{\partial C}{\partial t} = F \mid \nabla u \mid \tag{6.14}$$

式中 $F$ 为曲线沿法方向演化的速度，嵌入函数 $u$ 通常选择令 $u(x, y)$ 表示平面上点 $(x, y)$ 到曲线 $C$ 的带符号的距离，即

$$u(x, y) = \begin{cases} d[(x, y), C], & (x, y) \in outside(C) \\ -d[(x, y), C], & (x, y) \in inside(C) \end{cases} \tag{6.15}$$

其中 $d[(x, y), C]$ 表示点 $(x, y)$ 与曲线 $C$ 的欧几里得距离，这样选择的优点是可以使距离函数有如下特性：

$$\mid \nabla u \mid = 1 \tag{6.16}$$

在式（6.14）的转化过程中，采用了"速度场自然延拓"方法，曲线演化方程中，$F$ 只对曲线 $C$ 即零水平集有意义。而在对于嵌入函数的演化方程来说，$F$ 延拓到所有水平集，自然延拓并不能保证 $u$ 在演化的过程中始终保持为带符号的距离函

数，当它偏离距离函数时，迭代过程变得不稳定，不收敛，故在进行若干次 $u$ 的更新迭代后，要重新进行初始化，以使 $C$ 恢复为当前的零水平集，计算量大。

### 2. 实现 GAC 模型的水平集方法

在 GAC 模型中，建立最小化泛函如下：

$$L_R = \int_0^{L(C)} g(|\nabla I(C(s))|)\mathrm{d}s \qquad (6.17)$$

其中 $s$ 为弧长参数，$L(C)$ 为封闭曲线 $C(s)$ 的欧几里得弧长，$g(\cdot)$ 为 $[0,+\infty)$ 上的单调递减函数，通常取

$$g(r) = \frac{1}{1+(r/k)^{-p}} \qquad (6.18)$$

$r$ 为图像经平滑处理后得到的图像的梯度模值，$k$、$p$ 为常数。最小化式（6.17）所对应的梯度下降流为

$$\frac{\partial C}{\partial t} = g(|\nabla I|)kN - (\nabla g \cdot N)N \qquad (6.19)$$

为了克服 GAC 模型在对象的凹陷部分可能失败的问题，在式（6.19）的基础上增加一个恒定的指向曲线内部的项，即将式（6.19）改写成

$$\frac{\partial C}{\partial t} = g(|\nabla I|)(k+c)N - (\nabla g \cdot N)N \qquad (6.20)$$

这一项的引入，加速了曲线向内收缩。当 $c > 0$ 时，吸引轮廓向内演化；当 $c < 0$ 时，拉动轮廓向外演化，利用水平集方法可得

$$\frac{\partial u}{\partial t} = g(|\nabla u|)c + \nabla g \cdot \nabla u + g(|\nabla u|)k \qquad (6.21)$$

此方程为双曲型方程，存在自发的不稳定性，采用迎风方案（upwind scheme）求它的粘滞解，步长要足够小，且要重新初始化。

### 3. GAC 模型的变分水平集方法

对 GAC 模型可作如下泛函的梯度下降流：

$$E(C) = \oint_c g(C)\mathrm{d}s + c\iint_{inside} g\mathrm{d}x\mathrm{d}y \qquad (6.22)$$

采用变分法将式（6.22）改写成

$$E(u) = \iint_\Omega g(|\nabla H(u)|)\mathrm{d}x\mathrm{d}y + c\iint_\Omega g(1 - H(u))\mathrm{d}x\mathrm{d}y \qquad （6.23）$$

从而得到对应的梯度下降流为

$$\frac{\partial u}{\partial t} = \delta(u)\left[\operatorname{div}\left(g\left(\frac{\nabla u}{|\nabla u|}\right)\right) + gc\right] \qquad （6.24）$$

此方程为抛物型方程，有较高的稳定性，为了避免重新初始化，可以对以上的变分水平集方法作进一步改进，引入一个水平集函数的强制项：

$$\frac{\partial u}{\partial t} = \Delta u - \operatorname{div}\left(\frac{\nabla u}{|\nabla u|}\right) = \operatorname{div}\left[\left(1 - \frac{1}{|\nabla u|}\right)\nabla u\right] \qquad （6.25）$$

它是如下泛函的梯度下降流：

$$P(u) = \iint_\Omega \frac{1}{2}(|\nabla u| - 1)^2 \mathrm{d}x\mathrm{d}y \qquad （6.26）$$

最小化 $P(u)$ 意味着要求 $|u| = 1$，即水平集函数在演化的过程中尽可能保持为近似等于零水平集的距离函数，这一附加强制项的作用是对 $u$ 进行非线性扩散，扩散的传导率为 $p = 1 - \dfrac{1}{|\nabla u|}$。当 $|\nabla u| > 1$ 时，扩散是正向进行的；反之（ $|\nabla u| < 1$ ）则反向扩散，任何偏离 $|\nabla u| < 1$ 的局部，在演化中将被"纠偏"，故 $u$ 在演化过程中能保持为距离函数，这完全避免了重新初始化。

利用改进的变分水平集方法，$u$ 的演化 PDE 为

$$\frac{\partial u}{\partial t} = \mu\left[\Delta u - \operatorname{div}\left(\frac{\nabla u}{|\nabla u|}\right)\right] + \delta_s(u)\left[\operatorname{div}\left(g\left(\frac{\nabla u}{|\nabla u|}\right)\right) + gc\right] \qquad （6.27）$$

式中 $\mu$ 和 $c$ 为预先选定的常数。

# 6.3 矢量图像的 GAC 模型

## 6.3.1 矢量图像的边缘

矢量图像的应用领域非常广泛，它不仅用于表示彩色图像，还可以用于表示多

通道遥感图像等类型的图像。此外，矢量图像还可以表示通过对某一灰度图像进行不同频带和取向的二维滤波器处理后所得到的一系列子带图像（subband image）。这使得矢量图像成为一种非常灵活的多功能的图像表示方式，适用于各种图像处理和分析任务。它一般地可表达为

$$I(x, y) = (I^{(1)}(x, y), I^{(2)}(x, y), \cdots, I^{(m)}(x, y)) \qquad (6.28)$$

这里 $m$ 表示矢量图像的分量数。

对于矢量图像，传统的处理方法通常是将各分量图像视为独立的灰度（标量）图像单独进行处理。然而，对于图像分割任务，采用这种传统方法可能会导致各分量图像的分割结果不一致。一旦出现这种情况，将难以获得统一的分割结果。因此，我们需要一种能够将矢量图像作为一个整体进行处理的图像处理方法，以确保分割结果的一致性和准确性。这种方法将有助于确保得到一致的分割结果。

首先将曲面 $I(x, y)$ 上任一个给定方向的弧长微元 $\mathrm{d}I$ 表达为

$$\mathrm{d}I = (\mathrm{d}I^{(1)}, \mathrm{d}I^{(2)}, \cdots, \mathrm{d}I^{(m)}) = \left( \frac{\partial I^{(1)}}{\partial x} \mathrm{d}x + \frac{\partial I^{(1)}}{\partial y} \mathrm{d}y, \cdots, \frac{\partial I^{(m)}}{\partial x} \mathrm{d}x + \frac{\partial I^{(m)}}{\partial y} \mathrm{d}y \right) \quad (6.29)$$

进而得到

$$|\mathrm{d}I|^2 = \langle \mathrm{d}I, \mathrm{d}I \rangle = \sum_{i=1}^{m} \left( \frac{\partial I^{(i)}}{\partial x} \mathrm{d}x + \frac{\partial I^{(i)}}{\partial y} \mathrm{d}y \right)^2 = E(\mathrm{d}x)^2 + 2F\mathrm{d}x\mathrm{d}y + G(\mathrm{d}y)^2 \quad (6.30)$$

式中的系数为

$$\begin{cases} E = \langle I_x, I_x \rangle = \sum_{i=1}^{m} \left( \frac{\partial I^{(i)}}{\partial x} \right)^2 \\ F = \langle I_x, I_y \rangle = \sum_{i=1}^{m} \left( \frac{\partial I^{(i)}}{\partial x} \right) \left( \frac{\partial I^{(i)}}{\partial y} \right) \\ G = \langle I_y, I_y \rangle = \sum_{i=1}^{m} \left( \frac{\partial I^{(i)}}{\partial y} \right)^2 \end{cases} \qquad (6.31)$$

这样，$|\mathrm{d}I|^2$ 的意义就是对应图像平面上的变元 $(\mathrm{d}x, \mathrm{d}y)$ 各分量图像的"灰度值"的变化量的平方和，可见，它已"集成"了所有分量图像的变化。

式（6.30）也可表示为如下二次型：

$$|\mathrm{d}I|^2 = \begin{bmatrix} \mathrm{d}x \\ \mathrm{d}y \end{bmatrix}^T, A \begin{bmatrix} \mathrm{d}x \\ \mathrm{d}y \end{bmatrix} = \begin{bmatrix} \mathrm{d}x \\ \mathrm{d}y \end{bmatrix}^T \begin{bmatrix} E & F \\ F & G \end{bmatrix} \begin{bmatrix} \mathrm{d}x \\ \mathrm{d}y \end{bmatrix} \qquad (6.32)$$

其矩阵的本征值方程为

$$\begin{vmatrix} E-\lambda & F \\ F & G-\lambda \end{vmatrix} = 0 \tag{6.33}$$

由此可求得它的本征值：

$$\lambda_{1,2} = \frac{-E+G \pm \sqrt{(E-G)^2 + 4F^2}}{2} \tag{6.34}$$

此后，我们约定 $\lambda_1 > \lambda_2$，即对应于式（6.34）中 $\lambda_1$ 取正号，$\lambda_2$ 取负号。将它们对应的正交归一化本征矢 $v_1$ 和 $v_2$ 表达为

$$v_1 = (\cos\theta, \sin\theta), \quad v_2 = (-\sin\theta, \cos\theta) \tag{6.35}$$

为了确定可利用线性代数中的矩阵本征分解定理，即

$$\begin{bmatrix} E & F \\ F & G \end{bmatrix} = \sum_{i=1}^{2} \lambda_i v_i v_i^T = \lambda_1 \begin{vmatrix} \cos^2\theta & \cos\theta\sin\theta \\ \cos\theta\sin\theta & \sin^2\theta \end{vmatrix} + \lambda_2 \begin{vmatrix} \sin^2\theta & -\cos\theta\sin\theta \\ -\cos\theta\sin\theta & \cos^2\theta \end{vmatrix} \tag{6.36}$$

于是有，

$$\begin{cases} E = \lambda_1 \cos^2\theta + \lambda_2 \sin^2\theta \\ F = (\lambda_1 - \lambda_2)\sin\theta\cos\theta \\ G = \lambda_1 \sin^2\theta + \lambda_2 \cos^2\theta \end{cases} \tag{6.37}$$

从而，

$$\sin 2\theta = \frac{2F}{\lambda_1 - \lambda_2} = \frac{2F}{\sqrt{(E-G)^2 + 4F^2}} \Rightarrow \theta = \frac{1}{2}\arctan\frac{2F}{E-G} \tag{6.38}$$

这样一来，式（6.32）可改写为

$$|\mathrm{d}I|^2 = \lambda_1 \begin{vmatrix} \mathrm{d}x \\ \mathrm{d}y \end{vmatrix}^T v_1 v_1^T \begin{vmatrix} \mathrm{d}x \\ \mathrm{d}y \end{vmatrix} + \lambda_2 \begin{vmatrix} \mathrm{d}x \\ \mathrm{d}y \end{vmatrix}^T v_2 v_2^T \begin{vmatrix} \mathrm{d}x \\ \mathrm{d}y \end{vmatrix} = \sum_{i=1}^{2} \lambda_i \xi_i^2 \tag{6.39}$$

其中，

$$\xi_i = \begin{vmatrix} \mathrm{d}x \\ \mathrm{d}y \end{vmatrix}^T v_i, \quad i = 1, 2 \tag{6.40}$$

分别表示矢量 $\mathrm{d}r = (\mathrm{d}x, \mathrm{d}y)$ 在本征矢 $v_1$ 和 $v_2$ 上的投影。

现在我们来考察图像定义域中的某一点 $(x, y)$，从这点沿着矢量 $(\cos\varphi, \sin\varphi)$ 的方向产生一微元 $\mathrm{d}r$ 的位移，那么 $x$ 和 $y$ 方向的微元位移分别为

$$dx = dr\cos\varphi, \quad dy = dr\sin\varphi \tag{6.41}$$

于是有，

$$
\begin{aligned}
\xi_1 &= (\cos\varphi\cos\theta + \sin\varphi\sin\theta)dr = \cos(\varphi-\theta)dr \\
\xi_2 &= (-\cos\varphi\sin\theta + \sin\varphi\cos\theta)dr = \sin(\varphi-\theta)dr
\end{aligned}
\tag{6.42}
$$

进而有

$$\left|dI\right|^2 = \left[\lambda_1\cos^2\theta(\varphi-\theta) + \lambda_2\sin^2\theta(\varphi-\theta)\right](dr)^2 \tag{6.43}$$

上式表明，$\left|dI\right|^2$ 是一个以 $\sqrt{\lambda_1}dr$ 为长半轴、$\sqrt{\lambda_2}dr$ 为短半轴的椭圆到中心的距离的平方。可见，当矢量 $dr$ 的长度保持不变，$\varphi$ 从 0 变化到 $2\pi$ 时，模值 $\left|dI\right|$ 将沿着如图 6.2 所示的椭圆变化。当 $\varphi = \theta$ 或 $\varphi = \theta + \pi$ 时，$\left|dI\right|$ 达到极大值 $\sqrt{\lambda_1}$ ；而当 $\varphi = \theta \pm \dfrac{\pi}{2}$ 时，$\left|dI\right|$ 达到极小值 $\sqrt{\lambda_2}$ 。这就是说，将各分量图像的变化"集成"起来考查，图像 $I(x,y)$ 在 $(x,y)$ 点，沿 $v_1$ 方向变化最快，变化率达到 $\sqrt{\lambda_1}$ ；沿 $v_2$ 方向变化最慢，变化率为 $\sqrt{\lambda_2}$ 。所以标量 $\lambda_1 - \lambda_2$ 可以作为矢量图像变化率的度量，它具有与单值图像的梯度模值的平方 $\left|\nabla I\right|^2$ 相似的意义。

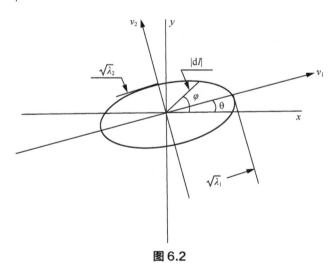

**图 6.2**

这样一来，可进一步将 $\lambda_1 - \lambda_2$ 达到局部极大值的位置定义为矢量图像的边缘，并且将矢量图像的边缘函数定义为

$$g_{color} = g(\lambda_1 - \lambda_2) \tag{6.44}$$

式中函数 $g(r)$ 原则上可以是任何满足 $r \in \mathbf{R}^+$ 的单调递减函数。值得一提的是，当 $I(x,y)$ 只有一个分量，它退化为标量图像 $I(x,y)$ ，这时，$E = I_x^2$ ，$G = I_y^2$ ，$F = I_x I_y$ ，

进而有

$$(E-G)^2 + 4F^2 = \left(\frac{\partial^2 I}{\partial x^2} + \frac{\partial^2 I}{\partial y^2}\right)^2 = |\nabla I|^2 \Rightarrow \lambda_1 = |\nabla I|^2, \quad \lambda_2 = 0 \qquad （6.45）$$

可见在此情况下，$v_1$ 就成为归一化梯度矢量 $\left(\eta = \dfrac{\nabla I}{|\nabla I|}\right)$，$v_2$ 就成为等照度线的切矢量 $\xi$，而式（6.44）定义的矢量图像边缘函数 $g_{color}$ 就退化为灰度图像的边缘函数 $g(|\nabla I|^2)$。

讨论中提及的基于黎曼几何的矢量图像分析方法，也被称为将矢量图像视为 $m+2$ 维单一流形的分析方法。这种方法在现代图像科学中具有重要意义，它不仅适用于扩展 GAC 模型，还在所有涉及矢量图像处理的问题中具有广泛的应用价值。这种方法的关键概念是将矢量图像看作一个高维的流形，而不仅是一个多通道图像。这种视角赋予了图像处理领域更多的可能性和工具，有助于解决各种复杂的图像处理问题。

## 6.3.2  矢量图像的 GAC 模型

我们已经定义了一个统一的边缘函数，集成了矢量图像的各分量图像信息，借助这一定义，可以自然而然地将 GAC 模型推广到矢量图像。具体而言，我们只需要对加权弧长的"能量"泛函进行适当修改为以下形式：

$$E(C) = \oint_C g_{color}\,\mathrm{d}s \qquad （6.46）$$

上式的梯度下降流为

$$\frac{\partial C}{\partial t} = g_{color}kN - (\nabla g_{color} \cdot N)N \qquad （6.47）$$

此式被称为"彩色蛇"（color snake）模型。

采用水平集方法，对应的关于嵌入函数 $u$ 的 PDE 为

$$\frac{\partial u}{\partial t} = g_{color}k|\nabla u| + \nabla g_{color} \cdot \nabla u \qquad （6.48）$$

当然，也可引入常数速度 $c$，得

$$\frac{\partial u}{\partial t} = g_{color}(k+c)|\nabla u| + \nabla g_{color} \cdot \nabla u \qquad (6.49)$$

也可采用变分水平集方法求解这一泛函最小化问题，得到的 PDE 为

$$\frac{\partial u}{\partial t} = \delta_\varepsilon(u)\left\{ \mathrm{div}\left( g_{color}\frac{\nabla u}{\nabla u} \right) + cg_{color} \right\} \qquad (6.50)$$

而采用改进的变分水平集方法，得到的 PDE 为

$$\frac{\partial u}{\partial t} = \mu\left[ \Delta u - \mathrm{div}\left( \frac{\nabla u}{|\nabla u|} \right) \right] + \delta_\varepsilon(u)\left[ \mathrm{div}\left( g_{color}\frac{\nabla u}{|\nabla u|} \right) + cg_{color} \right] \qquad (6.51)$$

可以看出，实现矢量图像分割的 GAC 模型在算法上与标量图像的 GAC 模型是完全相同的。两者的主要区别在于：在标量图像的情况下，我们需要计算图像每个点的梯度模值 $|\nabla I_\sigma(x,y)|$，以获得函数 $g(x,y)$，而在矢量图像的情况下，我们需要根据式（6.30）计算每个点的 $E$、$F$、$G$ 值，然后使用式（6.43）求出本征值 $\lambda_1$ 和 $\lambda_2$，随后将它们的差值 $\lambda_1 - \lambda_2$ 代入边缘函数的表达式，得到函数 $g_{color}(x,y)$。

这个区别在于处理多通道或矢量图像时的额外计算步骤，但基本的算法框架基本一致。这使得 GAC 模型能够轻松应用于不同类型的图像，无论是标量图像还是矢量图像，从而实现了更广泛的图像分割应用。

# **6.4** 无边缘活动轮廓模型

## **6.4.1** 模型的建立

本小节深入探讨无边缘活动轮廓模型的建立过程，包括模型的基本构建和原理，以帮助读者更好地理解模型的核心思想和工作方式。

### **1. 模型概述**

无边缘活动轮廓模型是一种用于图像分割的先进方法，其主要功能是根据图像的特征自动检测和分割感兴趣的对象或区域。与传统的分割方法不同，这个模型的独特之处在于它不需要明确的对象边缘信息，因此更适用于处理复杂的或具有不规

则轮廓的图像。

该模型的核心原理是利用能量最小化的思想，通过构建能量函数来驱动轮廓的演化。这个能量函数包括两个重要的部分：内部能量项和外部能量项。内部能量项用于惩罚轮廓的弯曲度，以保持轮廓的平滑性。而外部能量项则依赖于图像的特征，帮助模型识别对象并吸引轮廓向对象边界演化。总体而言，无边缘活动轮廓模型的核心思想是通过最小化这个能量函数来找到图像中的对象轮廓。

### 2. 能量函数

无边缘活动轮廓模型的能量函数是该模型的关键组成部分，它定义了轮廓的演化过程。

（1）内部能量项。

内部能量项（曲率能量）主要用于惩罚轮廓的弯曲度。它通常与轮廓的曲率有关，旨在保持轮廓的平滑性。较小的弯曲度值将导致能量项值较低，从而鼓励轮廓保持平滑。这有助于避免轮廓出现过多的锐角或波动。

（2）外部能量项。

外部能量项是根据图像的特征来定义的，通常包括颜色、纹理、梯度等信息。这个能量项衡量了轮廓与对象边界之间的相似性。具体来说，图像特征在轮廓内和轮廓外的区域中计算，以确定轮廓是否与对象匹配。与对象相似的区域将带来较低的能量值，从而吸引轮廓向这些区域演化。

### 3. 演化过程

模型的演化过程是通过 Level Set 方法实现的。Level Set 方法使用 Level Set 函数，通常用 $\phi(x, y)$ 表示轮廓的位置。该函数随时间演化，以逐渐逼近对象的轮廓。演化过程通过以下偏微分方程来实现：

$$\frac{\partial \phi}{\partial t} = F |\nabla \phi| \qquad (6.52)$$

其中，$\frac{\partial \phi}{\partial t}$ 表示 Level Set 函数 $\phi$ 随时间的变化而变化；$F$ 是一个速度函数，它包括内部能量项和外部能量项的贡献；$\nabla \phi$ 表示 Level Set 函数的梯度。通过解这个偏微分方程，轮廓将根据速度函数的信息在图像中进行扩散、融合或收缩，最终实现对象轮廓的演化。

# 6.4.2 C-V 模型的数值实现

无边缘活动轮廓模型中的 C-V（Chan-Vese）模型在图像分割中具有重要的应用，本节深入探讨 C-V 模型的数值实现。C-V 模型的数值实现旨在找到图像中对象的轮廓，同时考虑轮廓内和轮廓外的图像强度信息。

### 1. C-V 模型的数学形式

C-V 模型的数学形式是能量最小化的问题。C-V 模型的总能量函数如下：

$$E(C,R) = \mu \cdot Length(C) - v \cdot Area(R) + \lambda \cdot \iint_\Omega |I(x,y) - \mu_R|^2 \mathrm{d}x\mathrm{d}y \qquad （6.53）$$

其中，

$E(C,R)$ 表示总能量，包括内部能量项和外部能量项；

$C$ 代表轮廓，通常使用 Level Set 函数表示；

$R$ 代表轮廓内的区域；

$\mu$ 是轮廓的长度惩罚参数；

$v$ 是轮廓内的面积惩罚参数；

$\lambda$ 是图像特征匹配项的权重参数；

$I(x,y)$ 是图像中的像素强度；

$\mu_R$ 是轮廓内区域 $R$ 上像素的平均强度。

### 2. 数值实现方法

（1）定义初始轮廓。

定义一个初始轮廓，这个轮廓可以是一个闭合的曲线或 Level Set 函数，将在演化过程中不断调整以逼近图像中的对象。

（2）能量最小化。

为了最小化能量函数，可以使用优化算法或迭代方法。这些方法将调整轮廓的位置，以降低能量函数的值。常见的数值方法包括梯度下降法、Level Set 方法和优化算法，如拟牛顿法。

（3）实现演化过程。

C-V 模型的演化过程是通过 Level Set 函数实现的，Level Set 函数随时间演化，通过以下偏微分方程表示：

$$\frac{\partial \phi}{\partial t} = F |\nabla \phi| \qquad (6.54)$$

这个方程描述了轮廓的演化，其中 $\phi$ 是 Level Set 函数，$F$ 是速度函数，$\nabla \phi$ 是梯度。演化过程将使轮廓逐渐靠近对象的边缘。

## 6.4.3　实例和应用

为了更好地理解 C-V 模型的数值实现，先来看一个例子。假设我们有一张医学影像图，需要分割出肿瘤区域，就可以使用 C-V 模型来实现这一任务。首先初始化一个轮廓，然后通过数值方法最小化 C-V 模型的能量函数，使模型的轮廓逐渐演化成肿瘤的轮廓，最终可以得到一个精确的肿瘤分割结果。

C-V 模型应用广泛，领域包括医学影像分割、自然场景分析、目标跟踪等，这主要是因为其具备全局分割性能和对复杂对象轮廓的适应性。

# 6.5　分数阶微积分的图像分割模型

分数阶偏微分方程是数学分析中的一个重要领域。分数阶微分具有增强信号高频成分并以非线性方式保留信号低频成分的特点。大多数图像具有丰富的局部特征，如纹理和细节，并且相邻像素之间的灰度值相似性较高。传统的整数阶微分操作对图像等矩阵函数具有整体性质，直接在图像上执行整数阶微分相关算法可能导致图像出现块状或阶梯状效果，因此无法获得令人满意的分割结果。分数阶微分可以用于增强二维图像信号的复杂纹理的详细特征。Li 等人提出了一种基于自适应分数阶微分的新型主动轮廓模型，以解决分割过程中噪声对图像的影响问题。Ren 提出了一种基于分数阶微分的新型自适应主动轮廓模型。Chen 等人提出了一种自适应加权主动轮廓模型，将图像梯度、局部环境和全局信息融入一个框架。Mathieu 等人使用分数导数检测图像边缘。基于分数阶微分及其在其他图像处理算法中的应用，我们提出了分数变阶微分，它可以同时对矩阵函数的每个元素函数执行不同分数阶的微分操作，即图像不同部分的微分阶数可以变化。因此，我们可以从图像中获取更详细的信息，更方便地对图像进行处理。

目前，图像分割技术专注于不均匀强度的分割。本章提出一种新方法，将分数变阶微分和局部拟合能量结合起来构建了一个新的变分水平集主动轮廓模型。本章的能量函数主要包括三个部分：局部项、正则项和惩罚项。局部项与分数可变阶微分相结合，可以获得更多的图像细节；正则项用于正则化图像轮廓长度；惩罚项用于保持演化曲线的平滑性。真正阳性率（TP）、假正阳性率（FP）、精度（P）、杰卡德相似系数（JSC）和 Dice 相似系数（DSC）被用作分割结果的评价指标。

## 6.5.1 基于分数变阶微分的医学图像分割模型

本小节提出了一种基于分数变阶微分的医学图像分割模型。首先，根据图像梯度计算分数微分阶数掩模；然后，通过使用频域分数微分，对具有不同灰度值的像素点执行不同阶数的微分操作；最后，将该掩模添加到原始图像中，从而获得新的图像像素特征矩阵。结合分数变阶微分的局部项可以更准确地描述原始图像且对噪声的处理具有稳健性。长度项用于正则化图像轮廓长度，惩罚项用于避免重新初始化，TP、FP、P、JSC 和 DSC 被用作分割结果的比较度量，级别集函数的演化带来最小化全局能量函数的梯度流，实验结果表明该方法具有良好的性能。

## 6.5.2 模型和方法

### 1. LBF 模型

LBF 模型通过引入核函数，可以获取局部统计信息，以规避基于全局信息的 C-V 模型的缺点。LBF 模型可以尽量控制均值强度信息接近像素的邻域。在引入水平集方法之后，能量泛函定义如下：

$$E^{LBF}(\phi, f_1, f_2) = \lambda_1 \int \left[ \int K_\sigma(x-y) |I(y) - f_1(x)|^2 H(\phi(y)) \mathrm{d}y \right] \mathrm{d}x$$
$$+ \lambda_2 \int \left[ \int K_\sigma(x-y) |I(y) - f_2(x)|^2 (1 - H(\phi(y))) \mathrm{d}y \right] \mathrm{d}x \quad (6.55)$$
$$+ \mu \int_\Omega \frac{1}{2} (|\nabla \phi(x)| - 1)^2 \mathrm{d}x + v \int_\Omega \delta(\phi(x)) |\nabla \phi(x)| \mathrm{d}x$$

其中，$I : \Omega \to \Re^d$ 是图像；$\Omega \to \Re^d$ 是图像域，$d > 1$，表示图像向量 $I(x)$ 的维度；$x$ 是中心点，$y$ 是围绕 $x$ 的点；$K_\sigma$ 是标准差为 $\sigma$ 的高斯核函数；$\lambda_1 > 0$、$\lambda_2 > 0$、$\mu > 0$ 和 $v > 0$ 是固定参数；$H(\phi)$ 是 Heaviside 函数，假设 $z$ 是函数的输入，$\delta(z)$ 是 Heaviside 函数的导数，被定义为 Dirac 函数。

$$H(z) = \begin{cases} 1, & z \geq 0 \\ 0, & z < 0 \end{cases}, \quad \delta(z) = \frac{\mathrm{d}}{\mathrm{d}z} H(z) = \begin{cases} 0, & z \neq 0 \\ +\infty, & z = 0 \end{cases} \quad (6.56)$$

在实际应用中，$H(z)$ 和 $\delta(z)$ 可以近似为平滑函数 $H_\varepsilon(z)$ 和 $\delta_\varepsilon(z)$：

$$H_\varepsilon(z) = \frac{1}{2} \left( 1 + \frac{2}{\pi} \arctan\left( \frac{z}{\varepsilon} \right) \right), \quad \delta_\varepsilon(z) = \frac{1}{\pi} \cdot \frac{\varepsilon}{\varepsilon^2 + z^2} \quad (6.57)$$

保持水平集函数 $\phi$ 不变，对于局部中心 $f_1$ 和 $f_2$ 最小化能量泛函方程式（6.55），我们可以得到：

$$f_1(x) = \frac{K_\sigma(x) * [H_\varepsilon(\phi(x)I(x))]}{K_\sigma(x) * H_\varepsilon(\phi(x))}, \quad f_2(x) = \frac{K_\sigma(x) * [(1 - H_\varepsilon(\phi(x)))I(x)]}{K_\sigma(x) * [1 - H_\varepsilon(\phi(x))]} \quad (6.58)$$

尽管 LBF 模型可以有效地分割非均匀图像，但对初始轮廓非常敏感。

### 2. LIC 模型

根据 LIC 模型，现实世界的图像 $I$ 可以建模为

$$I = bJ + n \quad (6.59)$$

其中 $J$ 是真实图像，包含被成像物体的固有物理特性，因此可以近似地假定为分段常数；$b$ 是强度不均匀的成分，也称为偏置场（或阴影图像），$n$ 是加性噪声，通常可以假定为零均值的高斯噪声。因此，对真实图像 $J$ 可以近似取 $N$ 个不同的常数值 $c_1$，$\cdots$，$c_N$ 分别进入不相交的区域 $\Omega_1$，$\cdots$，$\Omega_N$，其中 $\{\Omega_i\}_{i=1}^N$ 组成图像域的划分，即 $\Omega = U_{i=1}^N \Omega_i$。模型定义了一个半径为 $\rho$ 的圆形邻域，其中每个点 $y \in \Omega$ 是圆的中心，由 $\vartheta_y \triangleq \{x : |x - y| \leq \rho\}$ 和中心点 x 定义。整个域 $\Omega_1$ 的划分 $\{\Omega_i\}_{i=1}^N$ 引发了 $\vartheta_y$ 的划分。因此，方程（6.59）中的图像模型可以重新定义为

$$I(x) \approx b(y)c_i \approx b(y)c_i + n(x), \quad x \in \vartheta_y \bigcap \Omega_i \tag{6.60}$$

其中 $n(x)$ 是加性零均值高斯噪声。在引入水平集方法后，得到两相能量泛函如下：

$$F(\phi,c,b) = \int \sum_{i=1}^{N} \left( \int K(y-x)\left|I(x)-b(y)c_i\right|^2 dy \right) M_i(\phi(x))dx +$$
$$v\int |\nabla H(\phi)|dx + \mu \int p(|\nabla\phi|)dx \tag{6.61}$$

其中，隶属函数 $M_i(\phi)$ 约束如下：

$$M_1(\phi) = H(\phi), \quad M_2(\phi) = 1 - H(\phi) \tag{6.62}$$

这里，$\int |\nabla H(\phi)|dx$ 是用于计算 $\phi$ 的零级等高线的弧长的长度项，$\int p(|\nabla\phi|)dx$ 是惩罚项，通过对弧长进行惩罚来平滑轮廓，其中 $p(s) = (1/2)(s-2)^2$。

对于 $c$，我们可以得到以下方程：

$$\hat{c}_i = \frac{\int (b*K)Iu_i dy}{\int (b^2 * K)Iu_i dy}, \quad i = 1,\cdots,N \tag{6.63}$$

由于 $u_i(y) = M_i(\phi(y))$，同样地，对于 $b$，我们可以得到以下方程：

$$\hat{b} = \frac{(IJ^{(1)} * K)}{J^{(2)} * K} \tag{6.64}$$

这里，

$$\mathbf{J}^{(1)} = \sum_{i=1}^{N} c_i u_i, \quad \mathbf{J}^{(2)} = \sum_{i=1}^{N} c_i^2 u_i$$

这个模型可以用于分割具有强度不均匀性的图像，并且对于轮廓的初始化更加稳健。此外，该模型比 LBF 模型要高效得多。

### 3. 分数阶微分

常用的分数阶微分定义包括 Grünwald-Letnikov 微分、Riemann-Liouville 分数微分、Caputo 分数微分、Laplace 域分数微分、频域（傅里叶域）分数微分。由于快速离散傅里叶变换在数值计算中易于计算，故此处使用频域中的分数阶微分。

对于单变量函数 $g(t)$，其傅里叶变换可以定义为

$$G(\omega) = \int_R g(t)e^{-j\omega t}dt \tag{6.65}$$

其中 j 为虚数单位，$t$ 为时间变量，$\omega$ 为频率变量，$g(t)$ 为原始函数，函数 $G(\omega)$ 被称为傅里叶变换的图像函数。利用傅里叶变换的微分性质，计算 $n$ 阶导数：

$$F(g^n(t)) = (j\omega)^n G(\omega) \qquad （6.66）$$

这里，$n$ 是非负整数，$F$ 是傅里叶变换操作符。任意阶微分的傅里叶域表达式可以直接表示为

$$D^\alpha g(t) = F^{-1}((j\omega)^\alpha G(\omega)), \quad \alpha \in \mathbf{R}^+ \qquad （6.67）$$

这里，$\mathbf{R}^+$ 表示正实数的集合，$\alpha$ 是正实数，$F^{-1}$ 是傅里叶逆变换操作符。因此，二维函数 $g(x, y)$ 的分数阶偏微分可以定义如下：

$$\begin{cases} D_x^\alpha g(x,y) = F^{-1}[(j\omega_1)^\alpha G(\omega_1, \omega_2)] \\ D_y^\alpha g(x,y) = F^{-1}[(j\omega_2)^\alpha G(\omega_1, \omega_2)] \end{cases} \qquad （6.68）$$

其中，$G(\omega_1, \omega_2)$ 是 $g(x, y)$ 的傅里叶变换。$D_x^\alpha$ 表示对变量 $x$ 的 $\alpha$ 阶微分。通过使用二维离散傅里叶变换的平移性质，可以得到傅里叶域中一阶导数的中心差分方案。

$$\begin{cases} D_x^\alpha g(x,y) = F^{-1}[(1 - \exp(-2\pi j\omega_1 / m))^\alpha \exp(\pi j\alpha.\omega_1 / m) G(\omega_1, \omega_2)] \\ D_y^\alpha g(x,y) = F^{-1}[(j\omega_2)^\alpha G(\omega_1, \omega_2)] \end{cases} \qquad （6.69）$$

分数阶微分具有增强信号的高频分量并非线性地保留信号的低频分量的特性。因此，分数阶微分在图像处理领域得到的关注和应用越来越多。目前，在图像处理中，分数阶微分操作是对整个图像执行相同阶数的微分操作，这与图像中不同纹理细节的不同像素值的特性不一致，因此在对图像执行相同阶数的微分操作时，纹理细节部分受损或平滑，这将严重影响图像的质量以及对图像的进一步分析和理解。

## 6.5.3 模型的理论及算法

传统的基于分数阶微分的图像处理方法使用的分数阶是固定的，也就是整幅图像使用相同的微分阶数。由于像素值的特性，实际图像在不同部分具有不同的纹理细节。当在整幅图像上执行相同阶分数阶微分操作时，一些不应在此阶数处理的纹理将被损坏或平滑，这会严重影响图像的质量并影响进一步的分析和理解。因此，我们希望使用一种操作，对不同位置的像素根据其自身特性执行不同

阶数的微分操作。我们将使用新的分数阶微分算子的矩阵结构，允许对图像的不同部分应用不同的微分阶数，从而获得更详细的图像信息，以便我们能够更方便地处理它。

### 1. 分数变阶微分

假设 $u(x, y)$ 是一个二维图像，首先我们计算图像的梯度信息，因为图像的边缘存在于梯度信息中；然后，假设 $A$ 是一个 $n \times m$ 的矩阵，它的值是通过在获得图像梯度信息后进行以下操作获得的：

$$A = a \cdot \frac{(|\nabla u| + 1)}{|\nabla u| + 0.8} \tag{6.70}$$

其中 $a$ 是自适应权重，我们定义如下：

$$a = \begin{cases} 4, & \text{灰度值} \geqslant 130 \\ 0.0001, & \text{灰度值} < 130 \end{cases} \tag{6.71}$$

分数阶微分的阶次可以根据图像的局部统计信息和结构特征自适应调整，以便在图像的强边缘阶次较大，在图像的弱边缘和纹理处阶次较小。在这里，$a$ 的值是通过实验测试获得的最优值。我们将 $A$ 视为从图像梯度计算得到的阶次矩阵。此外，需要根据阶次矩阵进行分数阶微分运算，通过以下方式可以获得每个像素点不同阶次的分数变阶微分算子：

$$D_A = \begin{pmatrix} a_{A_{11}} & \cdots & a_{A_{1m}} \\ \vdots & \ddots & \vdots \\ a_{A_{n1}} & \cdots & a_{A_{nm}} \end{pmatrix} \tag{6.72}$$

因此，相应的分数变阶微分为

$$\begin{cases} D_{Ax}u(x, y) = F^{-1}(j\omega_1)^A U(\omega_1, \omega_2) \\ D_{Ay}u(x, y) = F^{-1}(j\omega_2)^A U(\omega_1, \omega_2) \end{cases} \tag{6.73}$$

图像 $u$ 的相应 $A$ 阶微分可更新为

$$D_A u = (D_{Ax}u, D_{Ay}u), \quad |D_A u| = |D_{Ax}u| + |D_{Ay}u| \tag{6.74}$$

由于分数阶导数是一个线性操作符，所以在提取平方和的平方根后获得的模值显然不是线性的，但是绝对值运算可以在灰度变化后保持线性变化，因此使用绝对值代替平方运算。

### 2. 能量公式

我们提出的模型中的能量泛函主要包括三个部分：局部项 $E^L$、长度（或正则化）项 $E^R$、惩罚项 $E^P$。局部项结合了分数可变阶微分，以获取更多的图像信息。对于给定的图像向量 $u(x)$，其中 $x$ 是一个二维向量，表示为 $x(x, y)$。分数可变阶梯度幅度的定义如下：

$$mag(D_A u(x)) = |D_{Ax}u| + |D_{Ay}u| \qquad (6.75)$$

然后构建一个新的差异图像 $I(x)$：

$$I(x) = u(x) + mag(D_A u(x)) \qquad (6.76)$$

最终的局部能量拟合定义如下：

$$E^L = \int \left( \sum_{i=1}^{N} \int K(y-x) |I(x) - b(y)c_i|^2 \, dx \right) dy \qquad (6.77)$$

当图像域 $\Omega$ 被分成两个不相交的区域 $\Omega_1$ 和 $\Omega_2$ 时，这两个区域由水平集函数 $\phi$ 表示：

$$\Omega_1 = \{x : \phi(x) \geqslant 0\}, \quad \Omega_2 = \{x : \phi(x) < 0\} \qquad (6.78)$$

$\Omega_1$ 和 $\Omega_2$ 区域可以用方程中定义的成员函数来表示。因此，对于两相情况，方程（6.77）中的能量可以表示为以下水平集公式：

$$E^L(\phi, c, b) = \int \left( \sum_{i=1}^{N} \int K(y-x) |I(x) - b(y)c_i|^2 M_i(\phi(x)) dx \right) dy$$
$$= \int \sum_{i=1}^{N} \left( \int K(y-x) |I(x) - b(y)c_i|^2 \, dy \right) M_i(\phi(x)) dx \qquad (6.79)$$

对于固定的 $\phi$ 和 $b$，仍然可以得到方程（6.63）和（6.64），在三相情况下，我们可以使用：

$$M_1(\phi_1, \phi_2) = H(\phi_1)H(\phi_2)$$
$$M_1(\phi_1, \phi_2) = H(\phi_1)(1 - H(\phi_2)) \qquad (6.80)$$
$$M_1(\phi_1, \phi_2) = 1 - H(\phi_1)$$

我们提出的局部项具有两个特点：①分数阶微分在保留和增强低频信息方面表现良好，我们使用矩阵运算将不同的微分阶数应用于图像的不同部分，因此可以获取更详细的图像信息，并改善分割不均匀强度图像的性能；②分数阶微分具有滤波效应，经过分数阶微分操作后，图像比原始图像更平滑，对比度也提高了，因此可以在一定程度上提高噪声抵抗能力，并有效地获得更精确的分割结果。

$E^R$ 和 $E^P$ 与 LIC 模型中的相同，其中，

$$E^R = \int \left|\nabla H(\phi)\right| \mathrm{d}x, \quad E^P = \int p(\left|\nabla\phi\right|)\mathrm{d}x \qquad (6.81)$$

最终的能量泛函可以描述为

$$
\begin{aligned}
E &= E^L + vE^R + \mu E^P \\
&= \int \sum_{i=1}^{N} \left( \int K(y-x)\left|I(x)-b(y)c_i\right|^2 \mathrm{d}y \right) M_i(\phi(x))\mathrm{d}x \\
&= v\int \left|\nabla H(\phi)\right|\mathrm{d}x + \mu \int p\left(\left|\nabla\phi\right|\right)\mathrm{d}x
\end{aligned}
\qquad (6.82)
$$

定义 $e_i(x) = \int K(y-x)\left|I(x)-b(y)c_i\right|^2 \mathrm{d}y$，并利用变分策略来最小化能量泛函，可以得到相应的能量泛函梯度下降流：

$$\frac{\partial\phi}{\partial t} = -\frac{\partial E}{\partial\phi} = -\delta(\phi)(e_1-e_2) + v\delta(\phi)\mathrm{div}\frac{\nabla(\phi)}{\left|\nabla(\phi)\right|} + \mu(\mathrm{div}(d_p(\left|\nabla\phi\right|))\nabla(\phi)) \quad (6.83)$$

其中 $\dfrac{\partial E}{\partial\phi}$ 是 Gâteaux 导数，$\nabla$ 是梯度算子，div() 表示散度算子，函数 $d_p$ 是

$$d_p(s) = \frac{p'(s)}{s} \qquad (6.84)$$

多相能量泛函的梯度下降流程如下：

$$
\begin{aligned}
\frac{\partial\phi_1}{\partial t} &= -\sum_{i=1}^{N}\frac{\partial M_i(\phi)}{\partial\phi_1}e_i + v\delta(\phi_1)\mathrm{div}\frac{\nabla(\phi_1)}{\left|\nabla(\phi_1)\right|} + \mu(\mathrm{div}(d_p(\left|\nabla\phi_1\right|))\nabla(\phi_1)) \\
&\quad\vdots \\
\frac{\partial\phi_k}{\partial t} &= -\sum_{i=1}^{N}\frac{\partial M_i(\phi)}{\partial\phi_k}e_i + v\delta(\phi_k)\mathrm{div}\frac{\nabla(\phi_k)}{\left|\nabla(\phi_k)\right|} + \mu(\mathrm{div}(d_p(\left|\nabla\phi_k\right|))\nabla(\phi_k))
\end{aligned}
\qquad (6.85)
$$

### 3. 实现和算法

该模型的实现和算法包括以下步骤。

（1）设置初始参数值和迭代次数，根据图像梯度计算分数阶微分阶数掩模，并将其添加到原始图像中；

（2）初始化水平集函数 $\phi$ 为函数 $\phi_0$（$\phi_0$ 是初始化水平集函数），然后构建初始

轮廓 C；

（3）更新 $\phi_{i,j}^{k+1}=\phi_{i,j}^{k}+\Delta t\cdot A\left(u_{ij}^{k}\right)$，其中 $A\left(u_{ij}^{k}\right)$ 是式（6.83）等号右侧的最后一项；

（4）通过式（6.63）和式（6.64）更新 $c_i$、$b_i$；

（5）检查是否达到设定的迭代次数，如果没有则返回步骤（2）。

## 6.5.4  实验结果

在本小节中，我们进行了分割不同类型的合成图像和真实图像的各种实验，涵盖了不同轮廓和形状的图像，并将我们的模型的结果与 C-V 模型、LBF 模型、LIC 模型、ALFB 模型和固定阶数的分数阶微分（阶数分别为 1.5 和 0.5）进行了比较。此外，我们使用 TP、FP、P、JSC 和 DSC 来衡量图像分割结果的优劣，其中 TP、JSC 和 DSC 的定义如下：

$$TP=\frac{\left|S_1\bigcap S_2-S_2\right|}{\left|S_2\right|}$$

$$JSC=\left|\frac{S_1\bigcap S_2}{S_1\bigcup S_2}\right| \qquad (6.86)$$

$$DSC=\frac{2(S_1\bigcap S_2)}{S_1+S_2}$$

其中，$S_1$ 和 $S_2$ 分别代表分割后的输出二进制图像和地面二进制图像，地面真实值是通过在 MATLAB 软件中使用 imbinarize 函数选择适当的阈值获得的。DSC、TP、P 和 JSC 的值越接近 1，FP 的值越接近 0，分割效果越好。

在本小节中提出的新模型将分数可变阶微分和局部拟合能量结合起来，构建了一个新的变分水平集主动轮廓模型。我们引入了有关图像梯度信息的自适应权重 $a$，以获得不同的分数阶次。应用分数可变阶微分可以更详细地了解图像，分割结果更加精细，更接近图像边界，因此我们的模型可以分割具有强度不均匀的图像。实验结果表明，该模型对初始化具备稳健性。从噪声图像的分割结果可以看出，与 C-V 模型、LBF 模型、LIC 模型、ALFB 模型和固定阶数的分数微分相比，我们的模型可以抵抗噪声的影响。同时，通过比较实际图像的分割结果，可以清楚地看到我们的模型得到的边缘轮廓更精细。

### 1. 在不同初始轮廓上的性能表现

首先，将我们的方法应用于一幅图像，以定量评估我们的模型在不同初始轮廓下的性能。我们设置了 20 个不同的初始轮廓，以获得相应的实验数据。图 6.3 显示了这 20 个不同初始轮廓中的任意 5 个及其分割结果，我们可以看到这些不同的初始轮廓最终可以捕捉到这些图像中的对象边界。这证实了我们的模型不会受到不同初始轮廓的影响。图 6.4 显示了与 20 个不同初始轮廓分割结果相对应的评估指标值。

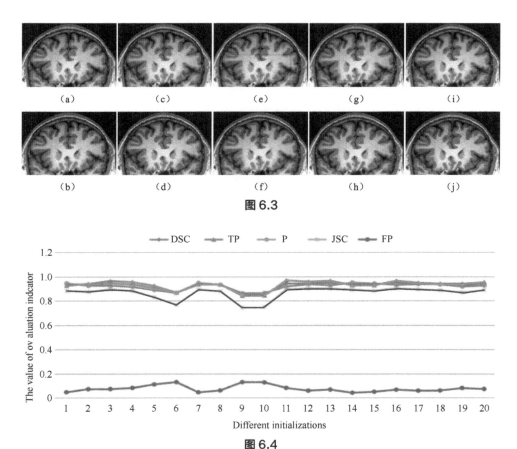

图 6.3

图 6.4

### 2. 在不同噪声水平下的性能

我们使用我们的模型在不同噪声条件下进行图像分割，并与 C-V 模型、LBF 模

119

型、LIC 模型以及固定阶数为 1.5 和 0.5 的分数阶微分进行比较，效果如图 6.5 所示。我们使用 MATLAB 的 imnoise 函数获得方差值分别为 0.01 和 0.02 的噪声，第一行图的方差噪声为 0.01，第二行图的噪声为 0.02。从图 6.5（e）、图 6.5（g）可以看出，方差为 0.01 的添加噪声对 LBF 模型和 0.5 阶分割结果产生了不良影响。对于 LIC 模型 [ 见图 6.5（c）、图 6.5（d）]，添加方差为 0.01 的噪声对分割结果影响较小，但添加方差为 0.02 的噪声明显影响了分割结果。当分数阶为 1.5 [ 见图 6.5（i）、图 6.5（j）] 时，添加方差为 0.01 的噪声对图像的内部分割结果产生了影响，而添加方差为 0.02 的噪声对分割结果的影响比其他模型更大。与其他模型相比，我们的模型可以抵抗部分噪声的影响并获得更好的分割结果。

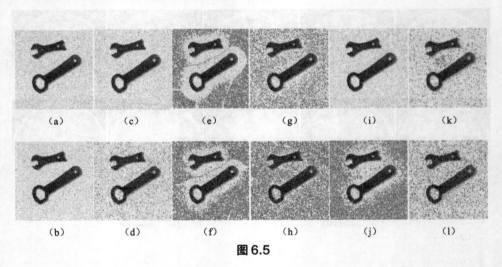

图 6.5

### 3. 多阶段水平集函数的性能

我们使用我们的模型与 LIC 模型、LBF 模型、固定阶数为 0.5 的分数阶微分、固定阶数为 1.5 的分数阶微分、C-V 模型及 ALFB 模型进行比较，效果如图 6.6～图 6.8 所示。其中，（a）所示为原始图像，（b）所示为带有初始轮廓的原始图像，（c）所示为原始图像的地面真实值，（d）所示为我们的模型的分割结果，（e）所示为我们的模型的比较图，（f）所示为我们的模型的地面真实值，（g）所示为 LIC 模型的分割结果，（h）所示为 LIC 模型的比较图，（i）所示为 LIC 模型的地面真实值，（j）所示为 LBF 模型的分割结果，（k）所示为 LBF 模型的比较图，（l）所示为 LBF 模型的地面真实值，（m）所示为 0.5 阶分数阶微分的分割结果，（n）所

示为 0.5 阶分数阶微分的比较图,(o)所示为 0.5 阶分数阶微分的地面真实值,
(p)所示为 1.5 阶分数阶微分的分割结果,(q)所示为 1.5 阶分数阶微分的比较图,
(r)所示为 1.5 阶分数阶微分的地面真实值,(s)所示为 C-V 模型的分割结果,
(t)所示为 C-V 模型的比较图,(u)所示为 C-V 模型的地面真实值,(v)所示为 ALFB
模型的分割结果,(w)所示为 ALFB 模型的比较图,(x)所示为 ALFB 模型的地
面真实值。

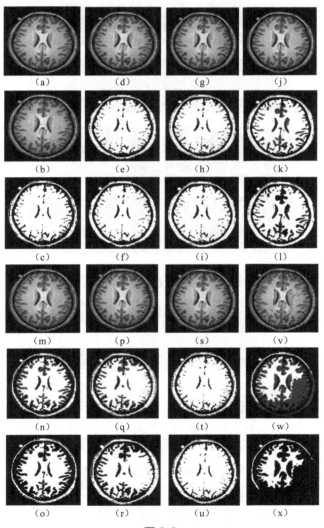

图6.6

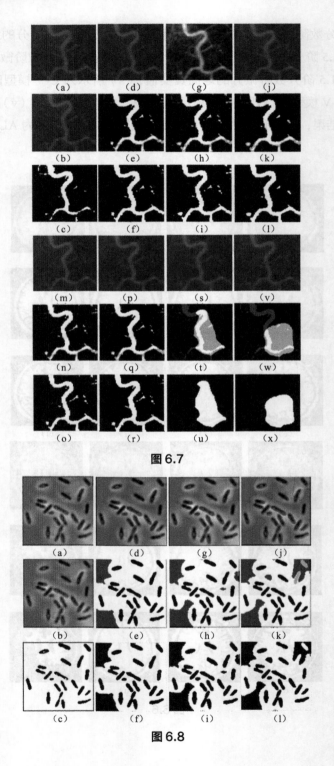

图 6.7

图 6.8

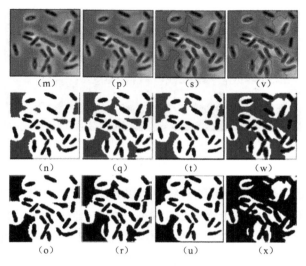

图 6.8（续）

## 6.5.5 结果分析

在不同初始轮廓上的性能实验展示了我们模型的性能。已经证明我们的模型不受初始轮廓的影响。图 6.4 所示的实验结果表明，当横坐标值为 7 或 11 时，TP 和 FP 的相应值随着正确预测为正类的正类数量的增加，错误预测为正类的负类数量减少，P 的值将增加；当横坐标值为 9 或 10 时，随着正确预测为正类的正类数量的减少，错误预测为正类的负类数量的减少，P 的值也会增加。此外，我们可以看到 DSC、P 和 JSC 的整体趋势保持不变，而 JSC 的变化大于 DSC 和 P，表明 JSC 对像素集分类的变化更敏感。

从图 6.6～图 6.8 所示的 C-V 模型的分割结果可以看出，C-V 模型作为经典的图像算法，可以分割大多数区域，但实际上对轮廓边缘的处理非常粗糙，许多细节没有分开。在图 6.9 中，（a）所示为原始图像，（b）所示为带有初始轮廓的原始图像，（c）所示为我们模型的结果，（d）所示为 0.5 阶分数阶微分的结果，（e）所示为 LIC 模型的结果，（f）所示为 1.5 阶分数阶微分的结果，（g）所示为 LBF 模型的结果，（h）所示为 C-V 模型的结果。可以看出，C-V 模型无法分割图像，因为灰度值太接近，这表明 C-V 模型无法分割强度不均匀的图像，而 LBF 模型容易受到水平集初始化的影响。在实验中，我们设置的初始轮廓的初始值得到的分割结果不差，与其他模型的差异主要体现在评估指标上。

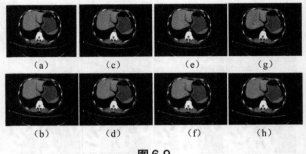

**图 6.9**

图 6.10 所示的是不同指标的折线，可以看出，我们的模型在四个评估指标 DSC、P、JCS 和 FP 的数值上优于 LIC 模型。在 TP 评估指标方面，我们的模型在开始阶段优于 LIC 模型，但在 $\sigma$ 等于 8 之后，LIC 模型优于我们的模型。从算法迭代所需的时间来看，随着 $\sigma$ 值的增加，CPU 时间也会增加。在不同 $\sigma$ 值的情况下，经过分数可变阶微分的作用后，我们的模型所需的 CPU 时间基本相同，如图 6.10（f）所示，表明我们的模型不会消耗太多算法迭代时间。

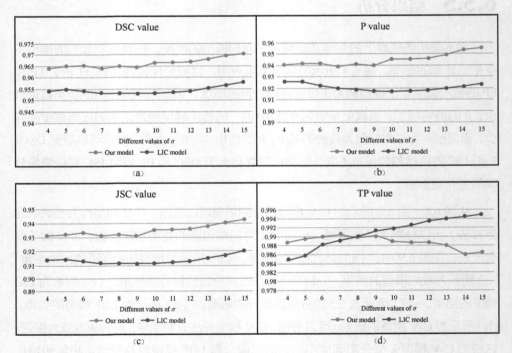

**图 6.10**

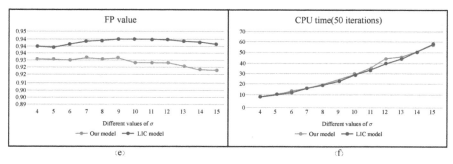

图 6.10（续）

图 6.11 所示为多阶段水平集函数与 LIC 模型和 ALFB 模型的比较。其中，（a）所示为原始图像，（b）所示为我们模型的结果，（c）所示为我们模型的地面真实值，（d）所示为 LIC 模型的结果，（e）所示为 LIC 模型的地面真实值，（f）所示为 ALFB 模型的结果，（g）所示为 ALFB 模型的地面真实值，（h）所示为原始图像和我们模型的直方图，（i）所示为原始图像和 LIC 模型的直方图。

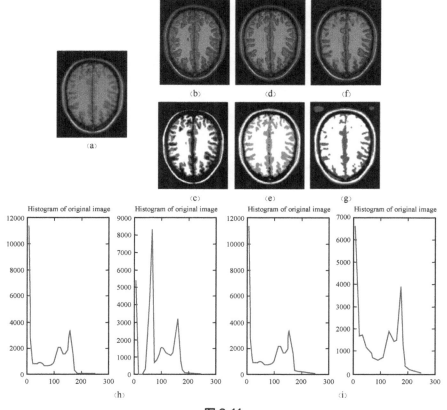

图 6.11

# 6.5.6 结论

我们提出了一种新方法，该方法通过将分数可变阶微分和局部拟合能量结合起来，构建了一个新的变分水平集主动轮廓模型。我们引入了有关图像梯度信息的自适应权重 $a$，以获得不同的分数阶。应用分数可变阶微分能够更详细地了解图像，分割结果更加精细，更接近图像边界，我们的模型因此可以分割具有强度不均匀的图像。实验结果表明，该模型对初始化具有稳健性。从噪声图像的分割结果可以看出，与 C-V 模型、LBF 模型、LIC 模型、ALFB 模型和固定阶数的分数微分相比，我们的模型更能抵抗噪声的影响。同时，通过比较实际图像的分割结果，可以清楚地看到我们的模型获得了更精细的边缘轮廓。

# 图像增强的分数阶
# 微积分方法

## 第 7 章

图像增强是数字图像处理中的一种技术，其主要思想是去除图像中的无关信息，强调图像中的重要信息，提高图像质量，从而将图像转换为适合人或机器分析处理的形式。

本章将分数阶微积分理论引入图像增强中。分数阶微积分理论的引入，使数字图像处理技术取得了突破性的进展。已有的研究主要利用分数阶微积分具有在提高信号高频成分的同时非线性地保留信号的中、低频成分的特殊性质，将其用于对数字图像增强的处理之中。传统的基于整数阶微分的图像增强处理，通常是考虑凸显图像的边缘，以丰富图像的纹理细节。而分数阶微分在滤波或增强图像时，能够实现在加强图像高频边缘信息以及非线性保留低频轮廓信息的同时，较好地增强平滑区域的纹理细节信息。

# 7.1 分数阶微积分的 Grünwald–Letnikov 方法

## 7.1.1 方法介绍

分数阶微分的 Grünwald-Letnikov 定义是从连续函数整数阶导数的定义出发，将微分由整数阶推衍至分数而来。若函数 $f(t)$ 在区间 $t \in [a,b]$（$a < b, a \in \mathbf{R}, b \in \mathbf{R}$），存在 $r+1$（$r \in \mathbf{Z}$）阶连续导数，则函数的一阶导数为

$$f'(x) = \lim_{h \to 0} \frac{f(t+h) - f(t)}{h} \tag{7.1}$$

其中 $h$ 为 $t$ 在 $[a,b]$ 内的步长。

选择等步长 $h$，根据连续函数的整数阶导数的计算方法，可得到函数的二阶导数为

$$f''(t) = \lim_{h \to 0} \frac{f(t+2h) - 2f(t+h) + f(t)}{h^2} \tag{7.2}$$

同理，以此递归可得到 $n$ 阶微分公式：

$$f''(t) = \lim_{h \to 0} \frac{1}{h^n} \sum_{m=0}^{n} (-1)^m \binom{n}{m} f(t-mh) \tag{7.3}$$

假设 $v$（$v > 0$）为分数阶微分的阶数，则 Grünwald-Letnikov 的分数阶微分的定义为

$$_a^G G_t^v = \lim_{h \to 0} \frac{1}{h^v} \sum_{m=0}^{\left\lfloor \frac{t-a}{h} \right\rfloor} (-1)^m \frac{\Gamma(v+1)}{m!(v-m+1)} f(t-mh) \tag{7.4}$$

其中 Gamma 函数 $\Gamma(n) = \int_0^\infty e^{-t} t^{n-1} \mathrm{d}t = (n-1)!$，函数 $f(t)$ 的持续期为 $t \in [a,b]$。当阶次为负数时，此时为函数 $f(t)$ 的积分，则利用 Gamma 函数可得

$$\binom{-v}{m} = (-1)^m \frac{\Gamma(v+m)}{m!\Gamma(v)} \tag{7.5}$$

因此可以得到 Grünwald-Letnikov 定义的分数阶积分的公式为

$$_a^G G_t^v = \lim_{h \to 0} \frac{1}{h^v} \sum_{m=0}^{\left[\frac{t-a}{h}\right]} \frac{\Gamma(v+m)}{m!\Gamma(v)} f(t-mh), \quad v > 0, v \in \mathbf{R} \tag{7.6}$$

综上所述，综合得到分数阶微积分 Grünwald-Letnikov 定义的公式为

$$_a^G G_t^v = \lim_{h \to 0} \frac{1}{h^v} \sum_{m=0}^{\left[\frac{t-a}{h}\right]} (-1)^m \binom{v}{m} f(t-mh) \tag{7.7}$$

## 7.1.2　存在的问题

分数阶微分在图像处理领域应用越来越广泛，但由于图像纹理结构存在复杂性，应用过程中还存在问题。①分数阶微分掩模的尺度越大，对其分数阶微分解析值的逼近程度越高，同时计算复杂度也会增加。传统分数阶微分采用较小的固定分数阶微分掩模算子，虽然简化了计算，但无法获得较为准确的分数阶微分解析值，而且容易引入噪声信息，使得增强后的纹理图像效果不理想。②传统分数阶微分掩模算子并未充分考虑图像的高度自相关特性，即越接近目标像素点，像素点与目标像素点的相似性越高，仅考虑了图像灰度变化发生于两相邻像素点之间的空间距离。对于图像纹理较丰富的区域，传统分数阶微分掩模算子显然不利于提高分数阶微分解析值的精度。③手动选择相对理想的固定分数阶阶次进行纹理细节的提取，在复杂环境下难以很好地增强整幅图像中的纹理细节。

# 7.2　一种自适应分数阶微分掩模算子的构造

对于上述存在的问题，我们在分析传统分数阶微分的基础上，提出了一种自适应非整数步长的分数阶微分掩模算子。通过分析图像的自相关特性，自适应构建局部不规则的自相关掩模区域，剔除相关性较低的像素，降低噪声干扰，突破传统 Grünwald-Letnikov 定义中利用单位步长实现分数阶微分数值计算的思想，在掩模区域内根据臂长特征自适应定义单位步长，并通过建立一种局部线性模型估计非整数步长处的像素灰度值，进一步提高分数阶微分解析值的精度。另外，构建一种局部

分数阶阶次的自适应选择算法，在局部不规则区域综合分析纹理变化情况，自适应选择分数阶阶次，有区别地处理局部纹理特征。下面介绍如何构造自适应非整数步长的分数阶微分掩模算子。

复杂纹理图像通常由无序和不规则同质区域组成，基于 Grünwald-Letnikov 定义的传统分数阶微分仅采用固定大小的掩模算子，且只考虑整数像素间的单位步长和固定阶次，因而容易忽略局部纹理特征，降低分数阶微分解析值的逼近精度，导致纹理增强效果不理想。因此，我们利用纹理相似度准则，首先得到一个局部的十字支撑区域 $\{h_p^i\}$，这里 $i \in \{0,1,2,3\}$，表示四个臂长方向。该局部支撑区域可以划分为水平（$H(p)$）和垂直方向（$V(p)$）两个集合，这样可以计算出局部不规则区域 $\Omega_p$。基于该不规则区域，可对臂长方向上的单位步长进一步细分，得到子像素点，并根据纹理分布的趋势自适应选择分数阶阶次。基于此，我们可以得到自适应非整数步长的分数阶微分掩模算子。具体流程图如图 7.1 所示。

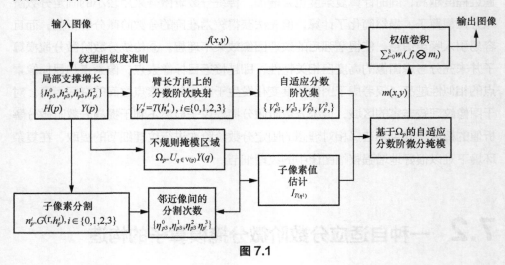

图 7.1

## 7.2.1　自相关不规则掩模区域的自主选择

针对局部纹理特征的不规则分布，采用大小固定的掩模区域对纹理特征进行相关性估计显然存在偏差。因此，我们可以依据局部相似性准则自适应选择自相关掩模区域，如图 7.2 所示。

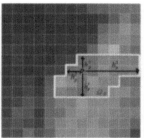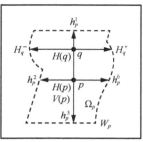

（a）输入图像　　　　　　（b）实际掩膜区域　　　　　（c）自相关掩膜区域

图 7.2

假设对任意像素点 $p$ ，原固定掩模窗口大小为 $W_p$ ，半径为 $r$ ，自相关掩模区域为 $\Omega_p$ ，且经过 $p$ 点的水平像素点集为 $H(p)$ ，垂直像素点集为 $V(p)$ ，并满足 $V(p) \in \Omega_p$ ，局部相似性区域的选择取决于在像素 $p$ 的水平 $\left(H^+(p), H^-(p)\right)$ 和竖直 $\left(V^+(p), V^-(p)\right)$ 方向上的跨度。同理，自相关掩模区域的确定同样由该方向集上的臂长 $\left\{h_p^0, h_p^1, h_p^2, h_p^3\right\}$ 定，如图 7.2（c）所示。不同于已有的将像素 $p$ 的灰度值 $I_p$ 作为局部相似性估计的固定参考值，我们通过臂长方向上的像素权值分布，实时分配相似度参考值，从而提高算法的稳健性以减少噪声干扰。设 $p$ 点位置为 $(x,y)$ ，以其 $H^+(p)$ 方向为例，则相似度参考值函数为

$$\tilde{I}_p^{\left(h_p^0\right)} = (1-\alpha)\tilde{I}_p^{\left(h_p^0-1\right)} + \alpha I\left(x+h_p^0, y\right) \tag{7.8}$$

其中，$\tilde{I}_p^0 = I_p$ ，$\alpha$ 为权值分配参数。因掩模窗口 $W_p$ 受到限制，$h_p^0 \in [1,r]$。因此，局部自相关掩模区域的臂长 $h_p^0$ 需满足以下条件：

$$\begin{cases} \delta\left(I(x+m,y), \tilde{I}_p^{(m+1)}, \tau\right) = 1, & \left|I(x+m,y)\right| - \left|\tilde{I}_p^{(m+1)}\right| \leqslant \tau \\ \delta\left(I(x+m,y), \tilde{I}_p^{(m+1)}, \tau\right) = 0, & \left|I(x+m,y)\right| - \left|\tilde{I}_p^{(m+1)}\right| > \tau \end{cases} \tag{7.9}$$

其中，$\tau$ 为相似度阈值，且随着 $m=1$ （$m \in N^*, m \in [1,r]$）逐单位步长增加，直至 $\delta\left(I(x+m,y), \tilde{I}_p^{(m-1)}, \tau\right) = 0$ ，此时：

$$h_p^0 = \max\left(m\left.\right|_{\delta\left(I(x+m,y), \tilde{I}_p^{(n-1)}, \tau\right)=1}\right) \tag{7.10}$$

为能够较好保持臂长的平衡性，臂长 $h_p^0$ 至少为 1。同理可估 $\left\{h_p^1, h_p^2, h_p^3\right\}$ 。

对于 $V(p)$ 上任意点 $q$ ，同样可求解其水平方向上的相似性跨度 $\left\{h_q^+, h_q^-\right\}$ 。所以，局部自相关掩模区域 $\Omega_p$ 可以表示为

$$\Omega_p = \bigcup_{q \in V(p)} H(q) \tag{7.11}$$

## 7.2.2 自适应非整数步长划分及其像素的线性估计

为进一步体现图像自相关特性并提高分数阶微分数值计算的逼近程度，根据掩模区域的臂长特征，我们对横向臂长上的整数像素点进行细分。

由图像相关性分析可知，掩模区域的臂长 $h_p^*$ 越长，目标像素的灰体辐射越趋于平缓，否则其像素灰度变化越频繁。因此，可以认为随着臂长的增加，臂长上相邻像素的相关性提高；待臂长增加到一定程度，整数像素可近似反映图像的相关性，则无需再细分单位步长。对于较短的臂长，由于整数像素间灰度变化频繁，相关性较低。因此需要细分单位步长，以提高像素间的自相关性。所以，定义单位步长的分割函数 $\eta_p^i$ 为

$$\eta_p^i = G(r, h_p^i) = \left\lfloor \frac{r}{N(h_p^i) + \xi_p^i} \right\rfloor, \quad h_p^i \in \{h_p^0, h_p^1, h_p^2, h_p^3\} \tag{7.12}$$

其中 $\eta_p^i$ 为整数像素间的分割次数，$\lfloor \ \rfloor$ 表示对数值取整，$N(h_p^i)$ 表示该臂长长度上包含的整数像素点个数，$\xi_p^i$ 为窗口平衡因子；为保证分数阶微分数值计算的精度，设原固定窗口 $W_p$ 的半径 $r = 5$、$\xi_p^i = 0.5$，则 $\eta \in [0, 2]$。其中 $\eta = 0$ 表示无需细分单位步长。

为构造非整数步长的分数阶微分掩模算子，我们提出一种局部的分段线性模型，以估计掩模区域臂长上非整数像素点的灰度值。设水平臂长方向上的相邻像素为 $I(x, y)$、$I'(x+1, y)$，线性矩阵系数为 $a_n^k = [a_1^k, a_2^k]$、$b_n^k = [b_1^k, b_2^k]$，则非整数步长的像素灰度值可以线性地表示为

$$I_{x+\frac{1}{\eta+1}c}^k = a_n^k \cdot Y = \begin{cases} a_1^k Y, & \eta = 1, c = 1 \\ a_1^k Y + a_2^k, & \eta = 2, c = 1, 2 \end{cases} \tag{7.13}$$

其中 $Y$ 表示输入参考像素灰度值，且 $Y = b[I, I']^{\mathrm{T}}$。

当 $\eta = 1$ 时，非整数步长像素位于单位步长中心，考虑到该像素位置与相邻两个整数像素的距离相等，因此，以两者的均值近似代表该像素的灰度值，即 $b = [1, 1]$、$a_1^k = \frac{1}{2}$。

当 $\eta = 2$，非整数步长像素分别位于单位步长的 1/3、2/3 处，这里同样根据与相邻整数像素的距离来估计 $Y$。当 $c = 1$ 时，$b = [1, 0]$，此时 $Y = I$；当 $c = 2$ 时，

$b = [0,1]$，此时 $Y = I'$。为产生低阶多项式，我们采用岭回归模型，以局部估计线性系数，即

$$E(a_n^k) = \sum_{s \in \Omega_q} \left( \left( a_n^k \cdot Y_s \right) - Y_s \right)^2 + \varepsilon \sum_{i \in [1,\eta]} \left( a_n^k \right)^2 \right) \qquad (7.14)$$

其中，$\Omega_Y$ 表示以像素 $Y$ 为中心、$r'$ 为半径的整数像素集；$\varepsilon$ 为 $a_n^k$ 的补偿系数，避免系数估计值过大；$r' = 1$，且需满足 $\Omega_Y \in \Omega_p$，即不在局部自相关掩模区 $\Omega_p$ 内的像素需要去除。

那么，利用最小二乘法求解式（7-14）的最小值，可得

$$a_1^k = \frac{\dfrac{1}{|\Omega_Y|} \sum_{s \in \Omega_Y} Y_s^2 - \mu_k^2}{\sigma_k^2 + \varepsilon} \qquad (7.15)$$

$$a_2^k = \mu_k^2 - a_k^1 \mu_k \qquad (7.16)$$

其中，$\mu_k$、$\sigma_k^2$ 分别为 $\Omega_Y$ 内整数像素值的均值和方差，$|\Omega_Y|$ 为 $\Omega_Y$ 内整数像素的个数。

将式（7.15）和（7.16）代入式（7.28），可求得 $\eta = 2$ 时非整数步长像素的灰度值。图 7.3 展示了传统固定尺寸的分数阶微分掩模算子和不规则区域的分数阶微分掩模算子对医学 X 射线胸腔照的处理结果的比较。可以看出，虽然传统分数阶微分掩模算子对图像整体质量有所改善，但对局部纹理的刻画仍存在不足。骨架衔接处以及骨头上的细微纹理都没有基于不规则区域的掩模算子处理的效果好。

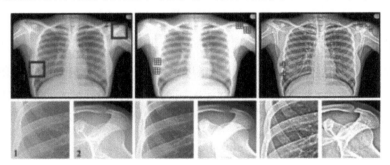

（a）测试图像　　（b）固定尺寸掩模处理结果（c）不规则区域掩模处理结果

**图 7.3**

## 7.2.3　分数阶阶次的自适应选择

如图 7.4 所示，框形标记了自相关不规则掩模区域。从图中可以看出，在区

域 1、区域 4 和区域 6 中，水平方向的臂长较长，而在垂直方向上较短；在区域 2 和区域 5 内，在垂直方向上则有较长的臂长。通过实际观察可以发现，臂长的长短特征能够反映纹理的变化趋势。因此，我们通过提高分数阶阶次以凸显纹理分布的主方向（即臂长更长的方向），降低分数阶阶次以相对地弱化非同质纹理区域（即臂长更短的方向），以有效保留甚至增强局部纹理特征。

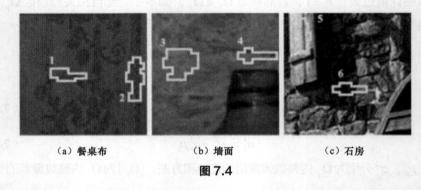

| （a）餐桌布 | （b）墙面 | （c）石房 |

图 7.4

由以往的研究可知理想的分数阶阶次 $v$ 的取值区间为 $[0.4, 0.7]$。因此，我们提出一种基于臂长特征的分数阶阶次自适应选择算法，其指数模型为

$$v_p^i = T(h_p^i) = b_1 \exp\left(-\frac{h_p^i}{r}\right) + b_2，且 \begin{cases} h_p^i \in [1, r] \\ v_{ideal\_down} \leqslant v_p^i \leqslant v_{ideal\_up} \\ v_p^i = v_{ideal\_down} \mid_{n_p^i = r} \ or \ v_p^i = v_{ideal\_up} \mid_{h_p^i = 1} \end{cases} \quad （7.17）$$

基于式（7.17）可以计算得到分数阶阶次集 $\{h_p^1, h_p^2, h_p^3, h_p^4\}$。图 7.5 所示为根据局部纹理分布特征，对图 7.4 所示的图像进行自适应选择分数阶阶次的纹理处理结果，并且展示了图 7.4 中框形标记区域的局部阶次的选择情况。由图 7.5 可以看出，无论是分布在餐桌布上的花纹图案，还是墙面上的纹理都得到了较好的凸显。

图 7.5

局部阶次自适应选择：

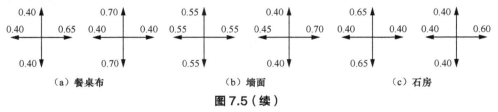

（a）餐桌布　　　　　　　　（b）墙面　　　　　　　　（c）石房

**图7.5（续）**

## 7.2.4　掩模算子的自适应构造

根据确定的自相关掩模区域，可在其臂长方向上构造非整数步长的分数阶微分掩模算子。由于在臂长方向上存在不同的纹理分布和自相关性，因此，各臂长方向的分数阶阶次和非整数步长不尽相同。因此在这里信号 $f(t)$ 的分数阶差分近似表达式可以表示为

$$\frac{\mathrm{d}^v f(t)}{\mathrm{d}t^v} \approx \frac{1}{\left(\eta_p^i+1\right)^{v_p'}} \sum_{m=0}^{t-a} \sum_{c=0}^{\eta_p'} \begin{bmatrix} v_p^i \\ m \\ \eta_p^i \end{bmatrix} f\left[t-\left(m+\frac{1}{\eta_p^i+1}\cdot c\right)\right] \tag{7.18}$$

$$\begin{bmatrix} v_p^i \\ m \\ \eta_p^i \end{bmatrix} = \frac{(-1)^{m(d_p+1)+c}\,\Gamma\left(-v_p^i+1\right)}{\left[m\cdot\left(\eta_p^i+1\right)+c\right]!\,\Gamma\left\{-v_p^i-\left[m\cdot\left(\eta_p^i+1\right)+c\right]\right\}} \tag{7.19}$$

其中 $a$ 是数值差分估计的间隔，$\Gamma$ 为 Gamma 函数。

为了充分表达局部纹理的特征，我们选择 $r=5$。因此，构造的掩模算子在各臂长方向上的掩模系数 $C_{s_n}$ 最多为 7 个。那么由式（7.18）计算得到的掩模算子分别为

$$\begin{cases} C_{s_0} = \dfrac{1}{(n_p^i+1)^{v_p^i}}\times 1 \\[3mm] C_{s_1} = \dfrac{1}{(n_p^i+1)^{v_p^i}}\times(-v_p^i) \\ \quad\vdots \\ C_{s_n} = \dfrac{1}{(n_p^i+1)^{v_p^i}}\times\dfrac{(-1)^n\Gamma(v_p^i+1)}{n!\Gamma(v_p^i-n+1)} \\ \quad\vdots \\ C_{s_6} = \dfrac{1}{(n_p^i+1)^{v_p^i}}\times\dfrac{(v_p^i)!}{6!(v_p^i-6)!} \end{cases} \tag{7.20}$$

基于式（7.20），可得出图 7.6 所示的四个臂长方向上的自适应非整数步长的分数阶微分掩模算子。可以看出，浅灰色标记区域为局部自相关不规则掩模区域 $\Omega_p$，深灰色标记区域为支撑该区域的各方向臂长。

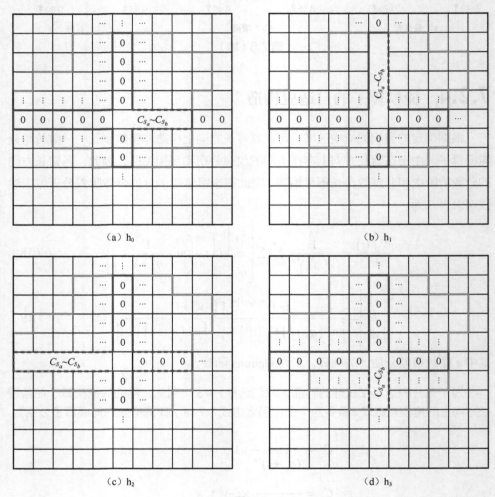

图 7.6

对二维数字图像 $f(x,y)$，不同于传统分数阶微分掩模算法利用各方向上卷积核的最大值作为掩模计算结果，这里我们根据各臂长上非整数步长分数阶微分数值计算的权重，得到滤波后的图像 $g(x,y)$，从而降低噪声对分数阶微分数值计算结果的干扰。$g(x,y)$ 可以表示为

$$g(x,y) = \sum_{i=1}^{4} w_i \frac{\partial^v f_i(x,y)}{(\partial x^{\pm}, \partial y^{\pm})} \tag{7.21}$$

136

其中，$w_i$ 表示各臂长非整数步长分数阶微分数值计算的权重。

我们提出的非整数步长的分数阶微分自相关掩模算子的具体实现如算法 7-1 所示。为确保像素在更新过程中保持稳定性和适应性，相似度权值分配参数 $\alpha$ 取 0.6；相似度阈值参数 $\tau$ 决定不规则区域的形成，通过实验发现 $\tau = 10$ 能够获得较为理想的效果。图 7.7 所示为本算法对毛绒玩具毛发增强处理的结果。由图 7.7（c）所示的二值化图可以看出，经自适应分数阶微分掩模处理后，玩具边缘的绒毛非但没有衰减，反而变得更加丰富和清晰。

---

**算法 7-1    非整数步长的分数阶微分自相关掩模算子**

---

**输入**：图像 $f$、半径 $r$、相似度权值分配参数 $\alpha$ 、相似度阈值参数 $\tau$ 、窗口平衡因子 $\xi$ 。

**输出**：图像 $g$ 。

For    $f(x,y)$ from $f(r+1,r+1)$ to $f(f_{width}-r-1,f_{heigh}-r-1)$ .

STEP1：计算 $f$ 的局部臂长特征 $\left\{ h_p^0, h_p^1, h_p^2, h_p^3 \right\}$ .

STEP2：构造局部自相关掩模区域 $\Omega_p$ .

STEP3：划分单位步长.

　　　　局部线性估计非整数步长像素值.

STEP4：估计分数阶阶次集合 $\left\{ v_p^0, v_p^1, v_p^2, v_p^3 \right\}$ .

STEP5：构造非整数步长的分数阶微分掩模算子.

STEP6：卷积得到 $g(x,y)$ .

End For

---

　　（a）测试图像　　　　　　　　（b）算法结果

**图 7.7**

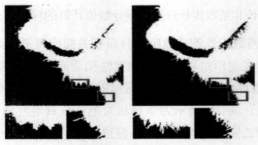

（c）对应的二值化图及局部细节

图 7.7（续）

## 7.2.5　自适应分数阶微分滤波的实现

数字图像处理的原理是直接处理离散像素，而分数阶微分掩模的数值算法是通过分数阶微分掩模卷积实现分数阶空间滤波，空间滤波的原理则是在图像上逐点移动掩模。由于灰度图像和彩色图像的特性有很大不同，所以分数阶微分掩模的算法分为两种。

第一种算法是用来处理灰度图像的：在 $n_x \times n_y$ 数字图像 $s(x,y)$ 中，用分数阶微分掩模做滤波，则 8 个方向 $W_x^-$、$W_x^+$、$W_y^-$、$W_y^+$、$W_{LDD}$、$W_{RUD}$、$W_{LUD}$ 和 $W_{RDD}$ 的卷积算法分别为

$$
\begin{aligned}
s_{x^-}^{(v)}(x,y) &= \sum_{m=2b}^{0} \sum_{n=-b}^{b} W_x^-(m,n)s(x+m,y+n) \\
s_{x^+}^{(v)}(x,y) &= \sum_{m=0}^{2b} \sum_{n=-b}^{b} W_x^+(m,n)s(x+m,y+n) \\
s_{y^-}^{(v)}(x,y) &= \sum_{m=-b}^{b} \sum_{n=-2b}^{0} W_y^-(m,n)s(x+m,y+n) \\
s_{y^+}^{(v)}(x,y) &= \sum_{m=-b}^{b} \sum_{n=0}^{2b} W_y^+(m,n)s(x+m,y+n) \\
s_{LDD}^{(v)}(x,y) &= \sum_{m=0}^{2b} \sum_{n=-2b}^{0} W_{LDD}(m,n)s(x+m,y+n) \\
s_{RUD}^{(v)}(x,y) &= \sum_{m=-2b}^{0} \sum_{n=0}^{2b} W_{RUD}(m,n)s^{(v)}(x+m,y+n) \\
s_{LUD}^{(v)}(x,y) &= \sum_{m=-2b}^{0} \sum_{n=-2b}^{0} W_{LUD}(m,n)s(x+m,y+n) \\
s_{RDD}^{(v)}(x,y) &= \sum_{m=0}^{2b} \sum_{n=0}^{2b} W_{RDD}(m,n)s(x+m,y+n)
\end{aligned}
\tag{7.22}
$$

第二种算法是用来处理彩色图像的。彩色图像的算法跟灰度图像很相似，区别在于对于彩色图像（用 RGB 模式表示），将图像的 R、G、B 分量分别使用第一种灰度图像的算法。也就是说，彩色图像的掩模卷积算法相当于对灰度图像的三次卷积计算的和。

实现分数阶掩模算法的具体步骤如下。

（1）基于适型分数阶导数构造八个方向上的 5×5 分数阶微分掩模。

（2）将掩模中心点覆盖在待处理图像的目标像素点上，将 $s(x, y)$ 掩模系数与像素点 5×5 邻域内的对应灰度值相乘，然后加权求和，当求和值大于 255 时取 255。最终图像上像素点 $s(x, y)$ 的 $v$ 阶分数阶导数表达式为

$$s^{(v)}(x, y) = \mathrm{Sat}(\max\{s_d^{(v)}(x, y) |\ d \in \Omega\}) \tag{7.23}$$

其中 $\Omega = \{\mathrm{x}^-, \mathrm{x}^+, \mathrm{y}^-, \mathrm{y}^+, \mathrm{LDD}, \mathrm{RUD}, \mathrm{LUD}, \mathrm{RDD}\}$，且 Sat 为饱和函数，其表达式为

$$\mathrm{Sat} = \begin{cases} 0, & u < 0 \\ u, & u \in [0, L] \\ L, & u > L \end{cases} \tag{7.24}$$

（3）将八个方向上的加权求和值的模值替换为目标点的灰度值。

（4）逐点平移掩模，直至处理完整幅图像。

# 7.3 自适应分数阶微分在图像增强中的应用

图像的边缘通过其方向和幅度两个方面来表征：沿着边缘方向，像素变化幅度较小；垂直于边缘方向，像素变化幅度较大。在图像边缘上的这些变化可以通过微分算子（一阶或二阶导数）的形式来检测和表现。基于一阶导数的边缘增强算子有 Roberts 算子、Sobel 算子和 Prewitt 算子等，利用大小固定的模板与图像中每个像素做卷积运算。二阶导数的边缘增强算子有 Laplacian 等，但该算子对噪声较为敏感。

## 7.3.1 Roberts 算子

对于数字图像，可以用差分来近似微分。Roberts 本质上是一种利用局部差分方

法搜索和增强边缘的算子，Roberts 模板是用斜向上的 4 个像素的交叉差分定义的。即

$$\left|\nabla f(x,y)\right| = \sqrt{(f(x,y)-f(x+1,y+1))^2 + (f(x+1,y)-f(x,y+1))^2} \quad （7.25）$$

为方便计算，式（7.25）可以简化为

$$\left|\nabla f(x,y)\right| = \left|f(x,y)-f(x+1,y+1)\right| + \left|f(x+1,y)-f(x,y+1)\right| \quad （7.26）$$

Roberts 模板如图 7.8 所示。

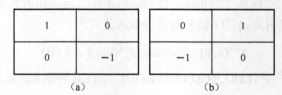

| 1 | 0 |
|---|---|
| 0 | −1 |

(a)

| 0 | 1 |
|---|---|
| −1 | 0 |

(b)

**图 7.8**

## 7.3.2 Sobel 算子

该算子是由两个卷积核 $g_1(x,y)$ 和 $g_2(x,y)$ 分别对图像 $f(x,y)$ 进行卷积运算得到的。其表达式为

$$S(x,y) = \max\left[\sum_{m=1}^{M}\sum_{n=1}^{N}f(m,n)g_1(i-m,j-n), \sum_{m=1}^{M}\sum_{n=1}^{N}f(m,n)g_2(i-m,j-n)\right] \quad （7.27）$$

实际上 Sobel 算子所采用的方法是先进行加权平均，再进行微分运算，利用差分表示一阶偏导，即可以得到 Sobel 算子：

$$\begin{cases} \Delta_x f(x,y) = [f(x-1,y+1)+2f(x,y+1)+f(x+1,y+1)] \\ \quad -[f(x-1,y-1)+2f(x,y-1)+f(x+1,y-1)] \\ \Delta_y f(x,y) = [f(x-1,y-1)+2f(x-1,y)+f(x-1,y+1)] \\ \quad -[f(x+1,y-1)+2f(x+1,y)+f(x+1,y+1)] \end{cases} \quad （7.28）$$

Sobel 算子垂直方向和水平方向的模板如图 7.9 所示，图 7.9（a）可以凸显图像的水平边缘，后者则可以反映图像垂直方向的边缘变化。在实际运算中，图像中的每个像素都与公式（7.27）中的两个掩模进行卷积运算，取最大值作为输出值。

| −1 | −2 | −1 |
|---|---|---|
| 0 | 0 | 0 |
| 1 | 2 | 1 |

| −1 | 0 | 1 |
|---|---|---|
| −2 | 0 | 2 |
| −1 | 0 | 1 |

（a）                （b）

**图 7.9**

## 7.3.3 Laplacian 算子

对图像中可能存在的阶跃边缘，其二阶导数会在边缘点出现过零交叉，即边缘点两边的二阶导数为异号。因此，可以通过二阶导数检测和描述边缘点。而 Laplacian 算子（模板见图 7.10）就是对二维函数进行二阶导数运算的算子，其定义可以表示为

$$\nabla^2 f(x,y) = \frac{\partial^2}{\partial x^2} f(x,y) + \frac{\partial^2}{\partial y^2} f(x,y) \qquad （7.29）$$

利用差分的形式代替二阶偏导时，在离散情况下和对于 8 邻域系统，Laplacian 算子分别为

$$\begin{cases} \Delta^2 f(x,y) \approx f(x+1,y) + f(x-1,y) + f(x,y+1) \\ \qquad + f(x,y-1) - 4f(x,y) \\ \Delta^2 f(x,y) \approx f(x-1,y-1) + f(x,y-1) + f(x+1,y-1) + f(x-1,y) \\ \qquad + f(x+1,y) + f(x-1,y+1) + f(x,y+1) + f(x+1,y+1) - 8f(x,y) \end{cases} \qquad （7.30）$$

| 0 | −1 | 0 |
|---|---|---|
| −1 | 4 | −1 |
| 0 | −1 | 0 |

| −1 | −1 | −1 |
|---|---|---|
| −1 | 8 | −1 |
| −1 | −1 | −1 |

（a）                （b）

**图 7.10**

这里我们使用 Laplacian 算子、线性变换方法、非线性变化方法、基于 Grünwald-Letnikov 分数阶微分的掩模算子和改进后的分数阶微分掩模算子分别对 256×256 的 Lena 灰度图像和两幅 RGB 模式表示的彩色图像进行增强处理。处理后

的图像的质量分别使用平均梯度（average gradient，AG）和信息熵（information entropy，IE）来评估。

平均梯度是对图像对比度的度量，平均梯度值越大表示图像的纹理细节越明显，平均梯度的表达式为

$$AG = \frac{1}{MN} \times \sum_{x=1}^{M} \sum_{y=1}^{N} \sqrt{\left[\left(\frac{\partial S(x,y)}{\partial x}\right) + \left(\frac{\partial S(x,y)}{\partial y}\right)^2\right]/2} \tag{7.31}$$

其中 $M$、$N$ 分别表示图像像素的行数和列数；$M \times N$ 为图像的大小。

信息熵是对图像细节的丰富性的度量，值越大表示与图像相关的信息内容越多，信息熵的表达式为

$$IE = -\sum_{i=0}^{L-1} P(g_i) \log_2 P(g_i) \tag{7.32}$$

其中 $P(g_i)$ 是图像灰度值 $g_i$ 的概率分布函数，$L$ 是图像灰度值的最大值。

由式（7.31）和式（7.32）可知，当处理后的图像的平均梯度与信息熵均较大时，表示使用该算法既增强了图像的高频纹理细节，又保留了低频轮廓信息。

## 7.3.4 图像增强实验结果

我们在 MATLAB R2016b 中分别使用几种整数阶方法、现有的分数阶微分掩模方法及改进的分数阶微分掩模方法对 256px × 256px、8-bit 的 Lena 灰度图像（如图 7.11（a）所示）进行图像增强。处理后的 Lena 图像及评价结果如图 7.11（b）、图 7.11（c）与表 7-1 所示。

（a）原图像　　　　　（b）线性变换　　　　　（c）非线性变换

**图 7.11**

（d）Laplacian 算子　　（e）现有的分数阶　　（f）改进的分数阶
　　　　　　　　　　　　　　微分掩模算子　　　　　微分掩模算子

图 7.11（续）

表 7-1　图 7.11 中不同增强方法的图像质量评价结果

| 图像 | AG | IE |
|:---:|:---:|:---:|
| （a） | 3.31 | 6.62 |
| （b） | 3.03 | 6.82 |
| （c） | 2.97 | 7.63 |
| （d） | 3.52 | 5.70 |
| （e） | 3.66 | 7.34 |
| （f） | 4.26 | 7.95 |

通过观察图 7.11 和比较表 7-1 中的数据，可以看到，改进的分数阶微分掩模算子不仅在增强效果上优于其他方法，还更多地保留了图像的低频轮廓信息。

图 7.12（a）所示为 MATLAB R2016b 自带的低曝光度的 RGB 模式彩色图像。线性变换、非线性变换和 Laplacian 算子对此图像没有增强效果，因此我们使用 Sobel 算子、Prewitt 算子和改进的分数阶微分掩模算子进行处理。处理结果如图 7.12（b）、图 7.12（c）和图 7.12（d）所示，图像质量评价如表 7-2 所示。

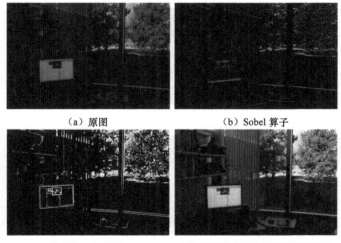

（a）原图　　　　　　　　（b）Sobel 算子

（c）Prewitt 算子　　　　（d）改进的分数阶微分阶掩模算子

图 7.12

143

表 7-2    图 7.12 中不同增强方法的图像质量评价结果

| 图像 | AG | IE |
|---|---|---|
| （a） | 3.28 | 4.85 |
| （b） | 3.84 | 3.26 |
| （c） | 3.77 | 1.50 |
| （d） | 4.93 | 6.60 |

图 7.13 所示为背光下彩色人像图（RGB 模式）原图像，以及使用线性变换方法、非线性变换方法、Sobel 算子、Prewitt 算子、Laplacian 算子、现有的分数阶微分掩模算子和改进的分数阶微分掩模算子的处理结果，图像质量评价如表 7-3 所示。

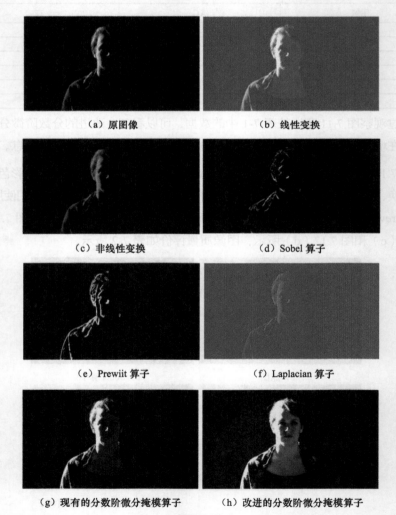

（a）原图像          （b）线性变换

（c）非线性变换          （d）Sobel 算子

（e）Prewiit 算子          （f）Laplacian 算子

（g）现有的分数阶微分掩模算子          （h）改进的分数阶微分掩模算子

图 7.13

**表 7-3  图 7.13 中不同图像增强算方法的评价结果**

| 图像 | AG | IE |
|---|---|---|
| （a） | 3.33 | 3.33 |
| （b） | 3.18 | 3.27 |
| （c） | 3.11 | 3.20 |
| （d） | 3.82 | 4.64 |
| （e） | 3.88 | 2.43 |
| （f） | 3.70 | 1.85 |
| （g） | 3.78 | 4.80 |
| （h） | 4.69 | 5.60 |

我们以图 7.12 为例，比较图中原图像、Sobel 算子处理后的图像、Prewitt 算子处理后的图像以及改进的分数阶微分掩模算子处理后的图像灰度值的垂直投影，如图 7.14 所示。

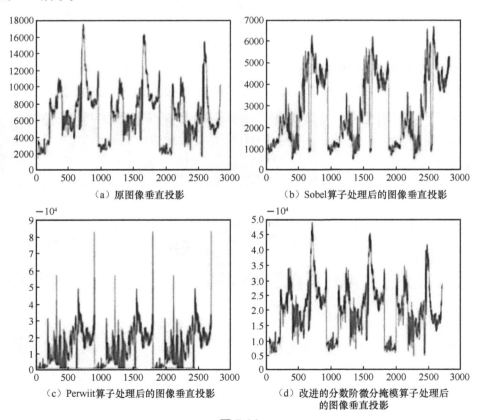

（a）原图像垂直投影

（b）Sobel算子处理后的图像垂直投影

（c）Perwiit算子处理后的图像垂直投影

（d）改进的分数阶微分掩模算子处理后的图像垂直投影

**图 7.14**

由图 7.10、图 7.11 和图 7.12 所示的增强效果对比可以看到，整数阶算子在增强图像时，破坏了平滑区域丰富的低频轮廓信息 [ 见图 7.10（d）和图 7.10（f）]，而且整幅图像的像素灰度变暗，同时由于高频分量的过度增强，处理后的图像出现了很宽的白边。虽然对于图像的高频细节信息保留，分数阶微分掩模算子稍弱于整数阶微分算子，但其处理后的图像不会出现白边。另外分数阶微分掩模算子可以有效地保留并增强图像的低频轮廓信息。

从图 7.14 所示的垂直投影的对比看，改进的分数阶微分掩模算子处理后的图像的投影包络和原图的投影包络是高度相似的，且大幅增强了低频区域的信息。因此，与整数阶微分掩模算子相比，分数阶微分掩模算子可以显著增强图像灰度变化不明显的区域的纹理细节。

# 7.4 与其他图像纹理增强算子对比分析

图 7.15 可以直观展示本章提出的掩模算子在图像纹理增强方面的优势。这里我们选取一些典型的图像增强算子，如直方图均衡算法、二进制小波增强算法、二进制哈希增强算法、高斯滤波算法等，与我们提出的分数阶微分算法作比较。

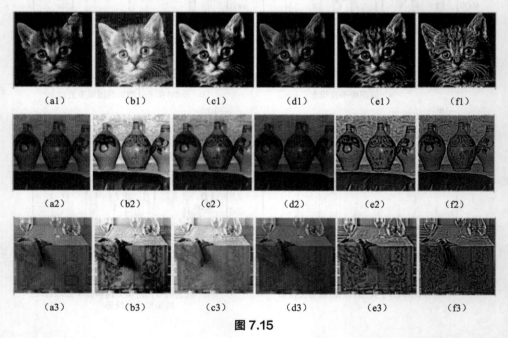

**图 7.15**

（a4）　　　　（b4）　　　　（c4）　　　　（d4）　　　　（e4）　　　　（f4）

（a）输入图像　　（b）直方图均衡算法　　（c）二进制小波增强算法
（d）二进制哈希增强算法　　（e）高斯滤波算法　　（f）我们提出的分数阶微分算法

**图 7.15（续）**

对图 7.15 观察和分析可知，由于直方图均衡算法使图像对比度的增强程度过度依赖于灰度频数的分布，因此图 7.15（b）经直方图算法增强后明显过亮，且边缘出现较多的伪轮廓［如图 7.15（b1）所示］；图 7.15（b2）也因直方图均衡后，背景墙面因增强过度，墙面中丰富的纹理已无法辨析。Xiang 等提出的二进制小波增强算法虽然对图像边缘的增强效果较为明显，但无法有效增强平滑区域的纹理，如图 7.15（c3）所示，餐桌布上的花纹图案在增强后反而变得模糊。Tanaka 等提出的一种基于非线性纹理的二进制哈希增强算法虽然取得了一定的增强效果，但是忽略了噪声抑制，使图像细节在增强的同时，噪声也被放大了。如图 7.15（d）所示，瓷瓶中的平滑区域和餐桌上手帕的投影区域都出现了许多新的噪声。高斯滤波算法的增强效果明显好于二进制小波增强算法，但其仍旧忽略了对局部纹理特征的分析。相比上述图像纹理增强算子，我们提出的分数阶微分算法有区别地考虑图像纹理的局部特征，在局部纹理细节的增强效果上具有明显的优势。从图 7.16 所示的放大的局部纹理细节可以看出，无论是对高频边缘的增强［如图 7.16（b）所示的瓷瓶的花纹、图 7.16（d）所示的树枝］，还是对平滑区域中纹理细节的刻画［如图 7.16（a）所示的小猫耳朵处的折纹、图 7.16（c）所示的餐桌布上的花纹］，都要好于上述几种算法。

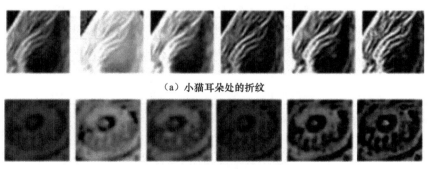

（a）小猫耳朵处的折纹

（b）瓷瓶的花纹

**图 7.16**

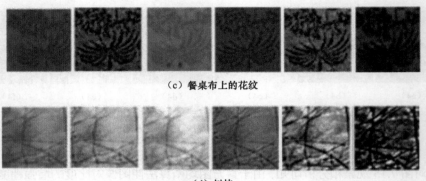

（c）餐桌布上的花纹

（d）树枝

**图7.16（续）**

表 7-4 给出了图 7.15 所示的不同增强算子的客观评价。可以看出，我们的算法的 AG 值要明显高于其他算法，说明了我们的算法在纹理增强中的优势。我们的算法较高的 AE 值，也反映了其在纹理保留方面的优势；同时，较高 APSNR 值也说明其在抑制噪声方面有较好的表现。

表 7-4 典型纹理增强算子的性能评价（AG、AE 和 APSNR）结果

| 测试图像 | 评价标准 | HE | 正则化去噪算法 | 非锐利掩蔽算法 | GF | 我们的算法 |
|---|---|---|---|---|---|---|
| 小猫 | AG | 0.0765 | 0.0872 | 0.0903 | 0.1265 | 0.1582 |
| | AE | 6.0165 | 6.4481 | 6.3183 | 8.7136 | 10.4003 |
| | APSNR | 9.2294 | 18.4164 | 19.5639 | 25.5906 | 27.9560 |
| 瓷器 | AG | 0.0106 | 0.0123 | 0.0200 | 0.0265 | 0.0274 |
| | AE | 6.1004 | 6.5716 | 6.7752 | 7.5937 | 7.8716 |
| | APSNR | 10.5356 | 17.0059 | 20.1065 | 20.1065 | 24.801 |
| 餐桌布 | AG | 0.0408 | 0.0270 | 0.0320 | 0.0679 | 0.0825 |
| | AE | 6.7514 | 6.7514 | 5.9417 | 7.2555 | 7.6544 |
| | APSNR | 14.6699 | 14.6699 | 17.8987 | 21.3929 | 22.4762 |
| 木桥 | AG | 0.0495 | 0.0495 | 0.0449 | 0.0501 | 0.1575 |
| | AE | 6.8922 | 6.8922 | 6.4513 | 6.9100 | 7.4600 |
| | APSNR | 13.8538 | 13.8538 | 19.1534 | 19.7499 | 19.7756 |

AE 的定义如下：

$$AE = -\frac{1}{N}\sum_{i=0}^{255}P(g_i)\times\log_2 P(g_i) \tag{7.33}$$

这里，$P(g_i)$ 表示灰度值 $g_i$ 的概率密度函数。

# 7.5 本章小结

  本章首先对传统整数阶微分在图像预处理中的应用做了简要介绍，然后详细介绍了我们提出的非整数步长分数阶微分掩模算子在图像预处理中的应用，包括图像滤波和增强两个方面，并通过丰富的实验说明了我们提出的算法比起传统整数阶微分算子、传统分数阶微分掩模算子以及典型的图像纹理增强算法存在的优势，即在滤除图像噪声的同时，有效保留甚至增强图像高频和平滑区域的纹理细节信息。

# 参考文献

[1]  COOLEY J W,TUKEY J W.An algorithm for the machine calculation of complex Fourier series[J]. Mathematics of Computation, 1965, 19(90): 297-301.

[2]  NAMIAS V.The fractional order Fourier transform and its application to quantum mechanics[J]. IMA Journal of Applied Mathematics, 1980, 25(3): 241-265.

[3]  MCBRIDE A C,KERR F H. On Namias's fractional Fourier transforms[J].IMA Journal of Applied Mathematics, 1987, 39(2): 159-175.

[4]  MENDLOVIC, OZAKTAS H M. Fractional Fourier transforms and their optical implementation[J].Journal of the Optical Society of America, 1993, 10(10): 1875-1881.

[5]  ALMEIDA L B. The fractional Fourier transform and time-frequency representations[J]. IEEE Transactions on Signal Processing, 1994, 42(11): 3084-3091.

[6]  ZAYED A I. On the relationship between the Fourier transform and fractional Fourier transform[J]. IEEE Signal Processing Letters, 1996, 3(12): 310-311.

[7]  ZAYED A I. A convolution and product theorem for the fractional Fourier transform[J]. IEEE Signal Processing Letters, 1998, 5(4): 101-103.

[8]  AKAY O, BOUDREAUX-BARTELS G F. Fractional convolution and correlation via operatormethods and an application to detection of linear FM signals[J]. IEEE Transactions on Signal Processing, 2001, 49(5): 979-993.

[9]  ZHANG F, BI G, CHEN Y Q. Tomography time-frequency transform[J].IEEE Transactions on Signal Processing, 2002, 50(6): 1289-1297.

[10] ZAYED A I. On the relationship between the Fourier and fractional Fourier transforms[J]. IEEE Signal Processing Letter, 1996, 3(12): 310-311.

[11] OZAKTAS H M, KUTAY-APLER M, ZALEVSKY Z. The fractional Fourier transform: with applications in optics and signal processing[M], New York: Wiley, 2001.

[12] OZAKTAS H M, ERKAYA N, KUTAY-APLER M. Effect of fractional Fourier transformation ontime-frequency distribution belonging to the Cohen class[J]. IEEE Signal Processing Letters, 1996, 3(2): 40-41.

[13] 王开志, 万遂人. 变分数阶傅氏变换及在时频建模中的应用[J]. 东南大学学报,

2001, 31(4):27-30.

[14] OZAKTAS H M, AYTUR O. Fractional Fourier domains[J]. Signal Processing, 1995, 46(1):119-124.

[15] KUTAY-APLER M, OZAKTAS H M, ARIKAN O, et al. Optimal filtering in fractional Fourierdomains[J]. IEEE Transactions on Signal Processing, 1997, 45(5): 1129-1143.

[16] ERDEN M F, KUTAY-APLER M, OZAKTAS H M. Repeated filtering in consecutive fractional Fourier domains and its application to signal restoration[J]. IEEE Transactions on Signal Processing, 1999, 47(5): 1458-1462.

[17]陶然, 周云松. 基于分数阶傅里叶变换的宽带 LFM 信号波达方向估计新算法[J]. 北京理工大学学报, 2005, 25(10): 895 − 899.

[18] AMEIN A S, SORAGHAN J J. Fractional chirp scaling algorithm-mathematical model[J]. IEEE Transactions on Signal Processing, 2007, 55(8): 4162-4172.

[19] AMEIN A S, SORAGHAN J J. A new chirp scaling algorithm based on the fractional Fourier transform[J].IEEE Signal Processing Letters, 2005, 12(10): 705-708.

[20] SUN H B, LIU G S, GU H, et al. Application of the fractional Fourier transform to movingtarget detection in airborne SAR[J].IEEE Transactions on Aerospace and Electronic Systems, 2002, 38(4): 1416-1424.

[21] PU Y F. Research on Application of Fractional Calculus to Latest Signal Analysis and Processing[D]. Chengdu: Sichuan University,2006.

[22] PU Y F, YUAN X, LIAO K, et al. Five numerical algorithms of fractional calculus applied in modern signal analyzing and processing[J]. Journal of Sichuan University (Engineering Science Edition), 2005, 37(5): 118-124.

[23] YUAN X, CHEN X D, LI Q, et al. Differential operatorand the construction of wavelet[J]. Acta Electronica Sinica, 2002, 30(5): 769-773.

[24] PU Y F. Fractional calculus approach to texture of digital image[C]. In: Proceedings of 8th International Conference on Signal Processing, Beijing: IEEE, 2006, 1002-1006.

[25] PU Y F, YUAN X, LIAO K, et al. Structuring analog fractance circuit for 1/2 order fractional calculus[C]. In: Proceedings of 6thInternational Conference on ASIC, Shanghai: IEEE, 2005, 1039-1042.

[26] PU Y F. Implement any fractional order multilayer dynamics associative neural network[C]. In: Proceedings of 6th International Conference on ASIC, Shanghai, IEEE, 2005,638-641.

[27] PU Y F, YUAN X, LIAO K, et al. A recursive net-grid-type analog fractance circuit for any order fractional calculus[C]. In: proceedings of the International Conference on Mechatronics and Automation, Canada: IEEE, 2005,1375-1380.

[28] 黄果, 许黎, 蒲亦非. 分数阶微积分在图像处理中的研究综述[J]. 计算机应用研究, 2012, 29(2): 414-417.

[29] 蒲亦非, 袁晓, 廖科, 等. 一种实现任意分数阶神经型脉冲振荡器的格形模拟分抗电路[J].四川大学学报: 工程科学版, 2006, 38(1): 128-132.

[30] 陈庆利, 蒲亦非, 黄果, 等. 分数阶神经型脉冲振荡器[J]. 四川大学学报: 工程科学版, 2011,43(1): 123-128.

[31] 蒲亦非, 王卫星. 数字图像的分数阶微分掩模及其数值运算规则[J]. 自动化学报, 2007,33(11): 1128-1135.

[32] 蒲亦非.将分数阶微分演算引入数字图像处理[J].四川大学学报:工程科学版,2007, 39(3): 124-132.

[33] 蒲亦非. 分数阶微积分在现代信号分析与处理中应用的研究[D]. 成都: 四川大学, 2006.

[34] 蒲亦非, 王卫星, 周激流, 等. 数字图像纹理细节的分数阶微分检测及其分数阶微分滤波器实现[J]. 中国科学 E 辑: 技术科学, 2008, 38(12): 2252-2272.

[35] PU Y F, ZHOU J L, YUAN X. Fractional differential mask: a fractional differential-based approach for multiscale texture enhancement[J]. IEEE Transactions on Image Proeessing, 2010, 19(2): 491-511.

[36] 黄果, 蒲亦非, 陈庆利, 等. 非整数步长的分数阶微分滤波器在图像增强中的应用[J]. 四川大学学报: 工程科学版, 2011, 43(1): 129-136.

[37] 黄果, 蒲亦非, 陈庆利, 等. 基于分数阶积分的图像去噪[J]. 系统工程与电子技

术, 2011,33(4): 925-932.

[38] 杨柱中, 周激流, 黄梅, 等. 基于分数阶微分的边缘检测[J].四川大学学报: 工程科学版,2008, 40(1): 152-157.

[39] 杨柱中, 周激流, 晏祥玉, 等. 基于分数阶微分的图像增强[J]. 计算机辅助设计与图形学学报, 2008, 20(3): 343-348.

[40] 杨柱中, 周激流, 黄梅, 等. 用分数阶微分提取图像边缘[J]. 计算机工程与应用, 2007,43(35): 15-18.

[41] MATHIEU B, MELCHIOR P, OUTSALOUP A, et al. Fractional differentiation for edge detection[J]. Signal Processing, 2003, 83(11): 2421-2432.

[42] 李远禄, 于盛林. 分数阶差分滤波器及边缘检测[J]. 光电工程, 2006, 33(12): 70-74.

[43] 汪凯宇, 肖亮, 韦志辉. 基于图像整体变分和分数阶奇异性提取的图像恢复模型[J]. 南京理工大学学报: 自然科学版, 2003, 27(4): 400-404.

[44] 刘红毅, 韦志辉. 基于分数阶样条小波与 IHS 变换的图像融合[J]. 南京理工大学学报:自然科学版, 2003, 30(1): 82-84.

[45] LIU J, CHEN S C, TAN X Y. Fractional order singular value decomposition representation for face recognition[J]. Pattern Recognition, 2007, 41(1): 168-182.

[46] 左凯, 孙同景, 李振华, 等. 二维分数阶卡尔曼滤波及其在图像处理中的应用[J]. 电子与信息学报, 2010, 32(12): 3027-3031.

[47] 汪成亮, 兰利彬, 周尚波. 自适应分数阶微分在图像纹理增强中的应用[J]. 重庆大学学报, 2011, 34(2): 32-37.

[48] 高朝邦, 周激流. 基于四元数分数阶方向微分的图像增强[J]. 自动化学报, 2011, 37(2):150-159.

[49] BAI J, FENG X C. Fractional-order anisotropic diffusion for image denoising[J]. IEEE Transactions on Image Processing, 2007, 16(10): 2492-2502.

[50] 张军, 韦志辉. SAR 图像去噪的分数阶多尺度变分 PDE 模型及自适应算法[J]. 电子与信息学报, 2010, 32(7): 1654-1659.

[51] 张军, 韦志辉. 一种基于卷积积分的图像去噪变分方法[J]. 中国图象图形学报, 2008, 13(9):1673-1677.

[52] 张军, 韦志辉. 分数阶图像去噪变分模型及投影算法[J]. 计算机工程与应用, 2009, 45(5):1-6.

[53] 张军. 基于分数阶变分 PDE 的图像建模与去噪算法研究[D]. 南京: 南京理工大学, 2009.

[54] ZHANG J, WEI Z H. A class of fractional-order multi-scale variational models andalternating projection algorithm for image denoising[J].Applied Mathematical Modelling,2011, 35(5): 2516-2528.

[55] MCBRIDE S, ROACH G F. Fractional Calculus[M].Glasgow: University of Stratchelyde, 1985.

[56] SAMKO S G, KIBAS A A, MARICHEV O I. Fractional Integrals and Derivatives, Theory and Applications[M].London: Gordon and Breach Sciences Publishers, 1993.

[57] PODLUBNY I. Fractional Differential Equations[M]. San Diego, CA: Academic Press, 1999.

[58] DAS S.Functional Fractional Calculus for System Identification and Controls[M]. Berlin: Springer-Verlag, 2008.

[59] 祝奔石. 分数阶微积分及其应用[J].黄冈师范学院学报, 2011, 31(06): 1-3.

[60] 泰卡尔普. 数字视频处理[M]. 崔之祐,等译.北京:电子工业出版社, 1998.

[61] SERRA J. Image Analysis and Mathematical Morphology[M]. New York: Academic Press, 1982.

[62] 王大凯, 彭进业. 小波分析及其在信号处理中的应用[M]. 北京: 电子工业出版社, 2006.

[63] 钱伟长. 粘性流体力学的变分原理和广义变分原理[J]. 应用数学和力学, 1984, 5(3): 305-322.

[64] 张恭庆, 林源渠. 泛函分析讲义(上, 下册) [M]. 北京: 北京大学出版社, 1987.

[65] 梁立孚. 变分原理及其应用[M]. 哈尔滨: 哈尔滨工程大学出版社, 2005.

[66] 王大凯, 侯榆青, 彭进业. 图像处理的偏微分方程方法[M]. 北京: 科学出版社, 2008.

[67] PAZY A. Semigroups of Linear Operators and Applications to Partial Differential

Equations[M]. Berlin: Springer-Verlag, 1983.

[68] CURTAIN R F, ZWART H. An Introduction to infifinite-dimensional linear systems theory[M]. New York: Springer-Verlag, 1995.

[69] LUO Z H, GUO B Z, MORGUL O. Stability and Stabilization of Infifinite Dimensional Systems with Applications[M]. London: Springer-Verlag, 1999.

[70] XU G Q, GUO B Z. Riesz basis property of evolution equations in Hilbert spaces and application to a coupled string equation[J]. SIAM Journal on Control and Optimization, 2003, 42(3): 966-984.

[71] 王康宁. 分布参数控制系统[M]. 北京: 科学出版社, 1986.

[72] PEI S C, YEH M H, TSENG C C. Discrete fractional Fourier transform based on orthogonal projections[J].IEEE Transactions on Signal Processing, 1999, 47(5): 1335-1348.

[73] STRANG G,NGUYEN T.Wavelets and Filter Banks[M]. Wellesley, MA: Wellesley-Cambridge Press, 1996.

[74] MURRAY J D. Mathematical Biology[M]. New York: Springer-Verlag, 1993.

[75] HUBEL D H, WIESEL T N. Receptive fififields, binocular intersection and functional architecture in the cat's visual cortex[J]. Journal of Physiology, 1962, 160: 106-154.

[76] YOU Y L, KAVEH M. Fourth-order partial differential equations for noise removal[J]. IEEE Trans on Image Process, 2000, 9(10): 1723-1730.

[77] LYSAKER M, LUNDERVOLD A, TAI X C. Noise removal using Fourth-order partial differential equation with applications to medical magnetic resonance images in space and time[J].IEEE Trans on Image Process,2003,12(12): 1579-1590.

[78] CUESTA E, CODES J F. Image processing by means of a linear integro-differential equation[J]. Visualization, Imaging, and Image Processing, 2003, 1(3): 438-442.

[79] MATHIEU B, MELCHIOR P, OUSTALOUP A, et al. Fractional differentiation for edge detection[J]. Signal Processing, 2003, 83(11): 2421-2432.

[80] BAI J, FENG X C. Fractional-Order Anisotropic Diffusion for Image Denoising[J]. IEEE Transactions on Image Process. 16(10): 2492-2502.

[81] WEICKERT J.Anisotropic diffusion in image processing[M]. Stuttgart: Teubner-

Verlog, 1998.

[82] PERONA P, MALIK J. Scale space and edge detection using anisotropic diffusion[J]. IEEE PAMI, 1990, 12: 629-639.

[83] BART M, ROMENY H. Geometry-Driven Diffusion in Computer Vision[M]. Kluwer: Springer, 1994.

[84] GUILLEMOT C, MEUR O L. Image Inpainting: Overview and Recent Advances[J]. IEEE Signal Processing,2014, 31(1): 127-144.

[85] CHEN W D. Regularized restoration for two dimensional band-limited signals[J]. Multidimensional Systems and Signal Processing, 2015, 26(3): 665-675.

[86] ZHANG J, ZHAO D, GAO W.Group-Based Sparse Representation for Image Restoration[J]. IEEE Trans on Image Process, 2014, 23(8): 3336-3351.

[87] YAN J, LU W S.Image denoising by generalized total variation regularization and least squares fifidelity[J]. Multidimensional Systems and Signal Processing, 2015, 26(1): 243-266.

[88] BINI A A, BHAT M S.Despeckling low SNR, low contrast ultrasound images via anisotropic level set diffusion[J]. Multidim Syst. Sign. Process, 2014, 25(1): 41-65.

[89] HUANG Y W, CAO F M, SU Q, et al. Underwater pulsed laser range-gated imaging model and its effect on image degradation and restoration[J]. Optical Engineering, 2013, 53(6): 061608.

[90] WANG W, ZHAO X, NG M. A cartoon-plus-texture image decomposition model for blind deconvolution[J].Multidimensional Systems and Signal Processing, 2016, 27(2): 541-562.

[91] WANG K, XIAO L, WEI Z H.Motion blur kernel estimation in steerable gradient domain of decomposed image[J]. Multidimensional Systems and Signal Processing, 2015, 27(2): 577-596.

[92] WEINER N. Extrapolation, Interpolation and Smoothing of Stationary Time Series[M]. Cambridge, Mass: the MIT Press, 1942.

[93] 拉斐尔·冈萨雷斯, 理查德·伍兹. 数字图像处理（第二版）[M]. 阮秋琦, 阮宇智, 等译. 北京: 电子工业出版社, 2003.

[94] RUDIN L I, OSHER S, FATEMI E. Nonlinear total variation based noise removal algorithm[J]. Physisca D: Nonlinear Phenomena, 1992, 60: 259-268.

[95] AUBERT G, KORNPROBST P. Mathematical Problems in Image Processing:Partial Differential Equations and Calculus of Variations[M].New York: Springer, 2002.

[96] CHAMBOLLE A, LIONS P L. Image Recovery via Total Variation Minimization and Related Problems[J]. Numerische Mathematik, 1997, 76(2): 167-188.

[97] ZHANG Y S, ZHANG F, LI B Z, et al. Fractional domain varying-order differential denoising method[J]. Optical Engineering, 2014, 53(10): 102102.

[98] LI B, XIE W. Image denoising and enhancement based on adaptive fractional calculus of small probability strategy[J]. Neurocomputing, 2016, 175, PartA: 704-714.

[99] LIU Y. Remote Sensing Image Enhancement Based on Fractional Differential [C]//2010 International Conference on Computational and Information Sciences(ICCIS), 2010, 00: 881-884.

[100] CHE J, GUAN Q, WANG X. Image denoising based on adaptive fractional partial differential equations[C]//2013 6th International Congress on Image and Signal Proceessing(CISP), 2013, 1: 288-292.

[101] MARQUINA A, OSHER S. Explicit algorithm for a new time dependent model based on level set motion for nonlinear deblurring and noise removal[J]. SIAM Journal Scientific Computing, 2000, 22(2): 387-405.

[102] BI A Q, YING W H, QIAN Z J.Spatial fuzzy clustering and its application for MRI and CT image segmentation[J]. Journal of Medical Imaging and Health Informatics, 2021, 11(2): 409-412.

[103] REN S, HE K, GIRSHICK R, et al. Faster RCNN: Towards real-time object detection with region proposal networks[J]. IEEE Transactions on Pattern Analysis and Machine Intelligence, 2017, 39(6): 1137-1149.

[104] WU Y, LI M, ZHANG Q, et al. A retinex modulated piecewise constant variational model for image segmentation and bias correction[J]. Applied Mathematical Modelling, 2018, 54: 697-709.

[105] GAO J, WANG B, WANG Z, et al. A wavelet transform-based image segmentation

method[J]. Optik, 2018, 208: 123-164.

[106] KASS M, WITKIN A, TERZOPOULOS D. Snake: active contour models [J]. International Journal of computer vision, 1988, 1(4): 321-331.

[107] CHEN B, HUANG S, LIANG Z R, et al. A fractional order derivative based active contour model for inhomogeneous image segmentation[J]. Applied Mathematical, 2019, 65: 120-136.

[108] ZHANG Y S, ZHANG F, LI B Z, et al. Fractional domain varying-order differential denoising method[J]. Optical Engineering, 2014, 53: 102102.

[109] LI C M, XU C, GUI C, et al. Distance Regularized Level Set Evolution and Its Application to Image Segmentation[J]. IEEE Transiction on Image Process, 2010, 19, 3243-3254.

[110] 李莹妮. 数字图像处理技术在通信工程中的应用方法探析[J]. 中国新通信, 2023, 25 (3): 22-24+88.

[111] 黄果, 蒲亦非, 陈庆利, 等. 基于分数阶积分的图像去噪[J]. 系统工程与电子技术, 2011, 33(4): 925-932.

[112] 韩利利, 田益民, 陈红梅, 等. 基于分数阶微分的图像边缘检测算法[J]. 电脑与信息技术, 2021, 29 (3): 7-11.

[113] 王相海, 张文雅, 邢俊宇, 等. 高阶次 Caputo 型分数阶微分算子及其图像增强应用[J]. 计算机研究与发展, 2023, 60 (2): 448-464.

[114] 王卫星, 于鑫, 赖均. 一种改进的分数阶微分掩模算子[J]. 模式识别与人工智能, 2010, 23 (02): 171-177.

[115] 姒绍辉, 胡伏原, 付保川, 等. 自适应非整数步长的分数阶微分掩模的图像纹理增强算法[J]. 计算机辅助设计与图形学学报, 2014, 26 (9):1438-1449.

[116] 龚春园, 梁晋, 温广瑞, 等. 投影仪全参数平面线性估计的高精度标定方法[J]. 西安交通大学学报, 2016, 50(11): 36-42

[117] 姒绍辉. 自适应分数阶微分的点表示方法研究[D]. 苏州: 苏州科技学院, 2015.

[118] 乔鹤松. 基于自适应分数阶微分的边缘检测和角点检测算法研究[D]. 重庆: 重庆大学, 2012.

[119] XIANG Z J, RAMADGE P J.Edge-preserving image regularization based on

morphological wavelets and dyadic trees[J]. IEEE Transactions on Image Processing, 2012, 21(4): 1548-1560.

[120] TANAKA G, SUETAKE N, UCHINO E. Image enhancement based on nonlinear smoothing and sharpening for noisy images[J]. Journal of Advanced Computational Intelligence and Intelligent Informatics. 2010, 14(2): 200-207